U0211156

浙江乌岩岭国家级自然保护区
珍稀濒危植物图鉴

—— 主 编 雷祖培 张芬耀 刘 西 ——

ZHEJIANG UNIVERSITY PRESS
浙江大学出版社

《浙江乌岩岭国家级自然保护区珍稀濒危植物图鉴》
编辑委员会

前　言

　　浙江乌岩岭国家级自然保护区是镶嵌在浙南大地上的一颗神奇明珠。其总面积 18861.5hm²，是中国离东海最近的国家级森林生态型自然保护区、浙江省第二大森林生态型自然保护区。其森林植被结构完整、典型，是我国东部亚热带常绿阔叶林保存最好的地区之一，被誉为"天然生物种源基因库"和"绿色生态博物馆"。

　　长期以来，浙江乌岩岭国家级自然保护区全力构建生物多样性天然宝库，取得了丰硕的成果，助力泰顺县成为全国五个建设生物多样性国际示范之一。为了系统、全面地检验和评估保护区的建设成效，以及满足新形势下摸清"家底"、建立长效监测机制的需要，2020年，浙江乌岩岭国家级自然保护区管理中心联合浙江省森林资源监测中心开展了新一轮的生物多样性综合科学考察工作，计划利用3年时间查清保护区内生物资源种类及分布情况。截至目前，野生维管植物资源本底调查已先行完成，取得了可喜的成果。为了尽快将科考成果转化为促进珍稀濒危野生植物保护与管理、科研与科普发展的现实能力，浙江乌岩岭国家级自然保护区管理中心组织编纂了《浙江乌岩岭国家级自然保护区珍稀濒危植物图鉴》一书。这是一部纲目清晰、图文并茂、资料丰富、特色鲜明的体现浙江乌岩岭国家级自然保护区珍稀濒危野生植物资源的著作，充分体现了浙江乌岩岭国家级自然保护区的生物多样性，具有较高的学术价值和实用价值。

　　本书收录的珍稀濒危野生植物指在乌岩岭保护区内原生分布的国家重点保护野生植物、浙江省重点保护野生植物、《濒危野生动植物物种国际贸易公约》附录收录的物种、《中国生物多样性红色名录——高等植物卷》评估为近危(NT)及以上的物种、分布区狭窄且资源稀少的珍稀濒危植物。

　　经调查，浙江乌岩岭国家级自然保护区分布有珍稀濒危野生植物255种，隶属80科181属，其中，蕨类植物11科12属16种，裸子植物6科9属11种，被子植物63科160属228种。众多珍稀濒危野生植物中，国家重点保护野生植物有49种(其中国家一级重点保护野生植物3种，国家二级重点保护野生植物46种)，浙江省重点保护野生植物有34种，其他珍稀濒危野生植物有172种。

　　本书的编纂出版是综合科学考察项目全体队员辛苦调查、团队协作、甘于奉献的结晶。由于本书涉及内容广泛、编著时间有限，书中难免存在疏虞之处，诚恳期望各位专家学者和读者不吝指正，十分感激！

C O N T E N T S 目 录

◆ 第一节　保护区自然地理概况

一　地理位置

浙江乌岩岭国家级自然保护区(简称保护区)地处中亚热带南北亚带分界上,是中国离东海最近的森林生态型国家级自然保护区。

保护区总面积18861.5hm²,包括北、南两个片区。北片为主区域,面积17686.5hm²,位于泰顺县的西北部,介于北纬27°36′13″~27°48′39″、东经119°37′08″~119°50′00″,西与福建省寿宁县接壤,北接浙江省文成、景宁县;南片面积1175.0hm²,位于泰顺县西南隅,介于北纬27°20′52″~27°23′34″、东经119°44′07″~119°47′03″,西连福建省福安市,北连泰顺县罗阳镇洲岭社区,东、南连泰顺县西旸镇洋溪社区。

二　地质地貌

保护区地处东亚大陆新华夏系第二隆起带的南段,浙江永嘉—泰顺基底坳陷带的山门—泰顺断陷区内,为洞宫山脉南段。其特点是山峦起伏、切割剧烈、多断层峡谷、地形复杂,相对高差300~900m。海拔1000m以上山峰有17座,彼此衔接,连绵延展,成为乌岩岭主要的地形景观,其中主峰白云尖海拔1611.3m,为温州市第一高峰。保护区位于浙南中切割侵蚀中低山区,地貌类型属于山岳地貌,以侵蚀地貌为主,堆积地貌较少见。次级地貌有山地地貌、夷平地貌和山区流水地貌。

三　气候

保护区地处浙南沿海山地,属南岭闽瓯中亚热带气候区,温暖湿润,四季分明,雨水充沛,具中亚热带海洋性季风气候特征。保护区年平均气温15.2℃,1月月平均气温5.0℃,7月月平均气温24.1℃,极端最低气温−11.0℃;无霜期230天;年平均相对湿度在82%以上;年平均降水量2195mm,5—6月最多,降水量占全年的29%,主要生长季3—10月,月平均降水量也均在100mm以上。

四　土壤

保护区土壤主要为红壤和黄壤两个土类。海拔600m以下的为红壤类的乌黄泥土、乌黄砾泥土;海拔600m以上的为黄壤类的山地砾石黄泥土、山地黄泥土、山地砾石香灰土和山地香灰土。森林土壤厚度一般为70cm左右,枯枝落叶层厚2~7cm,表土层厚10~20cm;pH值4~6;全氮含量0.1%~0.5%,全磷含量0.02%~0.03%,全钾含量1.8%~2.3%,有机质含量高,土壤质地好。年凋落物和枯枝落叶贮量为15.4t/hm²(以干物质计),腐殖质层和表土层能吸收较多的水分,因此土壤久晴不旱。

五　水文

保护区主区域(北片)河流属飞云江水系,区内白云涧和三插溪均为飞云江源头之一。保护区山高坡陡,溪沟平均坡度大,暴雨汇流时间短促,形成众多瀑、潭。但河床较窄,河宽一般在10m以内,两岸完整,冲刷缓和,源流短而流水常年不断,水质清澈,水资源丰富。

南片主要河流为交溪流域东溪的支流寿泰溪。寿泰溪为福建省福安市、寿宁县与浙江省泰顺县的界河,溪流弯多流急,径流丰沛,河流比降大,平均坡降约8.4%。

◆ 第二节　珍稀濒危植物概况

珍稀濒危植物是指能被人类利用、具有较高经济价值及科研价值、数量十分稀少或极易因生态环境变化而使种群数量剧烈减少的植物。

通过对保护区维管植物调查与分析,本书介绍的珍稀濒危植物指列入《国家重点保护野生植物名录》(2021)、《浙江省重点保护野生植物名录(第一批)》、《濒危野生动植物物种国际贸易公约》(简称CITES)附录Ⅰ和附录Ⅱ的植物,《中国生物多样性红色名录——高等植物卷》(简称《中国生物多样性红色名录》)中列为近危(NT)及以上等级的植物,以及分布区狭窄、在浙江省乃至全国均较为罕见、资源总量稀少、亟须被保护的其他珍稀濒危植物。

根据上述标准统计,保护区共有珍稀濒危植物255种,其中,蕨类植物11科12属16种,裸子植物6科9属11种,被子植物63科160属228种。国家重点保护野生植物有49种,其中,国家一级重点保护野生植物3种,国家二级重点保护野生植物46种。浙江省重点保护野生植物有34种。《中国生物多样性红色名录》中列为近危(NT)及以上等级的物种有112种,其中,极危(CR)6种,濒危(EN)13种,易危(VU)43种,近危(NT)50种。列入CITES附录Ⅰ及附录Ⅱ的物种有78种。其他珍稀濒危植物60种。详见表1。

表1　保护区珍稀濒危植物

中文名	拉丁名	保护级别	CITES附录	濒危等级	其他
蛇足石杉	*Huperzia serrata*	国家二级		EN	
四川石杉	*Huperzia sutchueniana*	国家二级		NT	
柳杉叶马尾杉	*Phlegmariurus cryptomerianus*	国家二级		NT	
福氏马尾杉	*Phlegmariurus fordii*	国家二级		LC	
闽浙马尾杉	*Phlegmariurus minchegensis*	国家二级		LC	
中华水韭	*Isoetes sinensis*	国家一级		EN	
松叶蕨	*Psilotum nudum*	省重点		VU	
阴地蕨	*Botrychium ternatum*			LC	√
福建观音座莲	*Angiopteris fokiensis*	国家二级		LC	
粗齿紫萁	*Osmunda banksiifolia*			NT	
金毛狗	*Cibotium barometz*	国家二级	附录Ⅱ	LC	
粗齿桫椤	*Alsophila denticulata*		附录Ⅱ	LC	

续表

中文名	拉丁名	保护级别	CITES附录	濒危等级	其他
桫椤	*Alsophila spinulosa*	国家二级	附录Ⅱ	NT	
粉背蕨	*Aleuritopteris pseudofarinosa*			LC	√
东京鳞毛蕨	*Dryopteris tokyoensis*			EN	
华南舌蕨	*Elaphoglossum yoshinagae*			LC	√
银杏	*Ginkgo biloba*	国家一级		CR	
江南油杉	*Keteleeria cyclolepis*	省重点		LC	
金钱松	*Pseudolarix amabilis*	国家二级		VU	
福建柏	*Fokienia hodginsii*	国家二级		VU	
圆柏	*Sabina chinensis*	省重点		LC	
罗汉松	*Podocarpus macrophyllus*	国家二级		VU	
竹柏	*Podocarpus nagi*	省重点		EN	
粗榧	*Cephalotaxus sinensis*			NT	
南方红豆杉	*Taxus chinensis* var. *mairei*	国家一级	附录Ⅱ	VU	
榧树	*Torreya grandis*	国家二级		LC	
长叶榧	*Torreya jackii*	国家二级		VU	
毛果青冈	*Cyclobalanopsis pachyloma*	省重点		LC	
台湾水青冈	*Fagus hayatae*	国家二级		LC	
大叶榉树	*Zelkova schneideriana*	国家二级		NT	
细辛	*Asarum sieboldii*			VU	
金荞麦	*Fagopyrum dibotrys*	国家二级		LC	
孩儿参	*Pseudostellaria heterophylla*	省重点		LC	
莼菜	*Brasenia schreberi*	国家二级		CR	
厚叶铁线莲	*Clematis crassifolia*			LC	√
舟柄铁线莲	*Clematis dilatata*	省重点		NT	
菝葜叶铁线莲	*Clematis loureiriana*			LC	√
短萼黄连	*Coptis chinensis* var. *brevisepala*	国家二级		EN	
尖叶唐松草	*Thalictrum acutifolium*			NT	
华东唐松草	*Thalictrum fortunei*			NT	
福建小檗	*Berberis fujianensis*			LC	√
六角莲	*Dysosma pleiantha*	国家二级		NT	
八角莲	*Dysosma versipellis*	国家二级		VU	
黔岭淫羊藿	*Epimedium leptorrhizum*	省重点		NT	
鹅掌楸	*Liriodendron chinense*	国家二级		LC	
凹叶厚朴	*Magnolia officinalis* subsp. *biloba*	国家二级		NE	
野含笑	*Michelia skinneriana*	省重点		LC	
乐东拟单性木兰	*Parakmeria lotungensis*	省重点		VU	
野黄桂	*Cinnamomum jensenianum*			LC	√
沉水樟	*Cinnamomum micranthum*	省重点		VU	
浙江润楠	*Machilus chekiangensis*			NT	
闽楠	*Phoebe bournei*	国家二级		VU	
浙江楠	*Phoebe chekiangensis*	国家二级		VU	

续表

中文名	拉丁名	保护级别	CITES附录	濒危等级	其他
武功山泡果荠	*Hilliella hui*			VU	
伯乐树	*Bretschneidera sinensis*	国家二级		NT	
天目山景天	*Sedum tianmushanense*			LC	√
草绣球	*Cardiandra moellendorffii*			LC	√
肾萼金腰	*Chrysosplenium delavayi*			LC	√
日本金腰	*Chrysosplenium japonicum*			LC	√
蛛网萼	*Platycrater arguta*	国家二级		LC	
蕈树	*Altingia chinensis*	省重点		LC	
腺蜡瓣花	*Corylopsis glandulifera*			NT	
闽粤蚊母树	*Distylium chungii*			VU	
长尾半枫荷	*Semiliquidambar caudata*			NE	√
杜仲	*Eucommia ulmoides*	省重点		VU	
景宁晚樱	*Cerasus paludosa*			NE	√
黑果石楠	*Photinia atropurpurea*			NE	√
泰顺石楠	*Photinia taishunensis*			NE	√
武夷悬钩子	*Rubus jiangxiensis*			NT	
铅山悬钩子	*Rubus tsangii* var. *yanshanensis*			LC	√
龙须藤	*Bauhinia championii*	省重点		LC	
南岭黄檀	*Dalbergia balansae*		附录Ⅱ	NE	
藤黄檀	*Dalbergia hancei*		附录Ⅱ	LC	
黄檀	*Dalbergia hupeana*		附录Ⅱ	NT	
香港黄檀	*Dalbergia millettii*		附录Ⅱ	LC	
中南鱼藤	*Derris fordii*	省重点		LC	
山豆根	*Euchresta japonica*	国家二级		VU	
野大豆	*Glycine soja*	国家二级		LC	
春花胡枝子	*Lespedeza dunnii*			NT	
花榈木	*Ormosia henryi*	国家二级		VU	
贼小豆	*Vigna minima*	省重点		LC	
野豇豆	*Vigna vexillata*	省重点		LC	
金豆	*Fortunella venosa*	国家二级		VU	
红花香椿	*Toona rubriflora*			VU	
斑子乌桕	*Sapium atrobadiomaculatum*			LC	√
皱柄冬青	*Ilex kengii*			LC	√
汝昌冬青	*Ilex limii*			LC	√
温州冬青	*Ilex wenchowensis*			EN	
疏花卫矛	*Euonymus laxiflorus*			LC	√
福建假卫矛	*Microtropis fokienensis*			LC	√
阔叶槭	*Acer amplum*			NT	
稀花槭	*Acer pauciflorum*			VU	
天目槭	*Acer sinopurpurascens*	省重点		LC	
管茎凤仙花	*Impatiens tubulosa*			LC	√

续表

中文名	拉丁名	保护级别	CITES附录	濒危等级	其他
山地乌蔹莓	*Causonis montana*			NE	√
三叶崖爬藤	*Tetrastigma hemsleyanum*	省重点		LC	
无毛崖爬藤	*Tetrastigma obtectum* var. *glabrum*			LC	√
温州葡萄	*Vitis wenchowensis*			EN	
大果俞藤	*Yua austro-orientalis*			LC	√
软枣猕猴桃	*Actinidia arguta*	国家二级		LC	
中华猕猴桃	*Actinidia chinensis*	国家二级		LC	
长叶猕猴桃	*Actinidia hemsleyana*			VU	
小叶猕猴桃	*Actinidia lanceolata*			VU	
黑蕊猕猴桃	*Actinidia melanandra*			NE	√
安息香猕猴桃	*Actinidia styracifolia*			VU	
对萼猕猴桃	*Actinidia valvata*			NT	
浙江猕猴桃	*Actinidia zhejiangensis*			CR	
毛枝连蕊茶	*Camellia trichoclada*			NT	
红淡比	*Cleyera japonica*	省重点		LC	
尖萼紫茎	*Stewartia acutisepala*	省重点		LC	
小果石笔木	*Tutcheria microcarpa*			LC	√
亮毛堇菜	*Viola lucens*			EN	
美丽秋海棠	*Begonia algaia*	省重点		NT	
槭叶秋海棠	*Begonia digyna*	省重点		LC	
秋海棠	*Begonia grandis*	省重点		LC	
白花荛花	*Wikstroemia trichotoma*			LC	√
福建紫薇	*Lagerstroemia limii*			NT	
喜树	*Camptotheca acuminata*	国家二级		LC	
肉穗草	*Sarcopyramis bodinieri*			LC	√
吴茱萸五加	*Acanthopanax evodiifolius*			VU	
糙叶五加	*Acanthopanax henryi*			LC	√
大叶三七	*Panax japonicus*	国家二级		NE	
福参	*Angelica morii*			NT	
长梗天胡荽	*Hydrocotyle ramiflora*			NT	
华东山芹	*Ostericum huadongense*			NT	
锐叶茴芹	*Pimpinella arguta*			LC	√
球果假沙晶兰	*Monotropastrum humile*			LC	√
普通鹿蹄草	*Pyrola decorata*			LC	√
齿缘吊钟花	*Enkianthus serrulatus*			LC	√
弯蒴杜鹃	*Rhododendron henryi*			LC	√
毛果杜鹃	*Rhododendron seniavinii*			LC	√
泰顺杜鹃	*Rhododendron taishunense*	省重点		VU	
虎舌红	*Ardisia mamillata*			NE	√
莲座紫金牛	*Ardisia primulifolia*			NE	√
五岭管茎过路黄	*Lysimachia fistulosa* var. *wulingensis*			NT	

续表

中文名	拉丁名	保护级别	CITES附录	濒危等级	其他
银钟花	*Halesia macgregorii*	省重点		NT	
陀螺果	*Melliodendron xylocarpum*	省重点		LC	
越南安息香	*Styrax tonkinensis*			LC	√
云南木犀榄	*Olea dioica*	省重点		NE	
浙南木犀	*Osmanthus austrozhejiangensis*			NE	√
厚边木犀	*Osmanthus marginatus*			LC	√
大叶醉鱼草	*Buddleja davidii*			LC	√
通天连	*Tylophora koi*			LC	√
泰顺皿果草	*Omphalotrigonotis taishunensis*			NE	√
狭叶兰香草	*Caryopteris incana* var. *angustifolia*			LC	√
绵穗苏	*Comanthosphace ningpoensis*			LC	√
出蕊四轮香	*Hanceola exserta*			NT	
浙闽龙头草	*Meehania zheminensis*			NE	√
杭州石荠苎	*Mosla hangchowensis*			NT	
云和假糙苏	*Paraphlomis lancidentata*			NT	
广西地海椒	*Archiphysalis kwangsiensis*			VU	
江西马先蒿	*Pedicularis kiangsiensis*			VU	
温州长蒴苣苔	*Didymocarpus cortusifolius*			NE	√
温氏报春苣苔	*Primulina wenii*			NE	√
台闽苣苔	*Titanotrichum oldhamii*	省重点		NT	
香果树	*Emmenopterys henryi*	国家二级		NT	
浙南茜草	*Rubia austrozhejiangensis*			NE	√
浙江雪胆	*Hemsleya zhejiangensis*	省重点		NT	
钮子瓜	*Zehneria maysorensis*			NE	√
长圆叶兔儿风	*Ainsliaea kawakamii* var. *oblonga*			NE	√
铜铃山紫菀	*Aster tonglingensis*			NE	√
长花帚菊	*Pertya glabrescens*			EN	
多枝霉草	*Sciaphila ramosa*			EN	
大柱霉草	*Sciaphila secundiflora*			NE	√
方竹	*Chimonobambusa quadrangularis*	省重点		LC	
日本小丽草	*Coelachne japonica*			NE	√
薏苡	*Coix lacryma-jobi*	省重点		LC	
日本麦氏草	*Molinia japonica*			NT	
高氏薹草	*Carex kaoi*			NT	
毛鳞省藤	*Calamus thysanolepis*	省重点		LC	
盾叶半夏	*Pinellia peltata*			VU	
长苞谷精草	*Eriocaulon decemflorum*			VU	
云南大百合	*Cardiocrinum giganteum* var. *yunnanense*			NT	
深裂竹根七	*Disporopsis pernyi*			LC	√
南投万寿竹	*Disporum nantouense*			LC	√
华重楼	*Paris polyphylla* var. *chinensis*	国家二级		VU	

续表

中文名	拉丁名	保护级别	CITES附录	濒危等级	其他
狭叶重楼	*Paris polyphylla* var. *stenophyllla*	国家二级		NT	
北重楼	*Paris verticillata*	省重点		LC	
多花黄精	*Polygonatum cyrtonema*			NT	
木本牛尾菜	*Smilax ligneoriparia*			LC	√
绿花油点草	*Tricyrtis viridula*			VU	
福州薯蓣	*Dioscorea futschauensis*			NT	
纤细薯蓣	*Dioscorea gracillima*			NT	
头花水玉簪	*Burmannia championii*			LC	√
宽翅水玉簪	*Burmannia nepalensis*			LC	√
无柱兰	*Amitostigma gracile*		附录Ⅱ	LC	
大花无柱兰	*Amitostigma pinguiculum*		附录Ⅱ	CR	
金线兰	*Anoectochilus roxburghii*	国家二级	附录Ⅱ	EN	
竹叶兰	*Arundina graminifolia*		附录Ⅱ	LC	
瘤唇卷瓣兰	*Bulbophyllum japonicum*		附录Ⅱ	LC	
广东石豆兰	*Bulbophyllum kwangtungense*		附录Ⅱ	LC	
齿瓣石豆兰	*Bulbophyllum levinei*		附录Ⅱ	LC	
斑唇卷瓣兰	*Bulbophyllum pectenveneris*		附录Ⅱ	LC	
乐东石豆兰	*Bulbophyllum ledungense*		附录Ⅱ	NE	
钩距虾脊兰	*Calanthe graciliflora*		附录Ⅱ	NT	
细花虾脊兰	*Calanthe mannii*		附录Ⅱ	LC	
反瓣虾脊兰	*Calanthe reflexa*		附录Ⅱ	LC	
银兰	*Cephalanthera erecta*		附录Ⅱ	LC	
金兰	*Cephalanthera falcata*		附录Ⅱ	LC	
中华叉柱兰	*Cheirostylis chinensis*		附录Ⅱ	LC	
广东异型兰	*Chiloschista guangdongensis*		附录Ⅱ	CR	
大序隔距兰	*Cleisostoma paniculatum*		附录Ⅱ	LC	
台湾吻兰	*Collabium formosanum*		附录Ⅱ	LC	
建兰	*Cymbidium ensifolium*	国家二级	附录Ⅱ	VU	
蕙兰	*Cymbidium faberi*	国家二级	附录Ⅱ	LC	
多花兰	*Cymbidium floribundum*	国家二级	附录Ⅱ	VU	
春兰	*Cymbidium goeringii*	国家二级	附录Ⅱ	VU	
寒兰	*Cymbidium kanran*	国家二级	附录Ⅱ	VU	
兔耳兰	*Cymbidium lancifolium*		附录Ⅱ	LC	
血红肉果兰	*Cyrtosia septentrionalis*		附录Ⅱ	VU	
梵净山石斛	*Dendrobium fanjingshanense*	国家二级	附录Ⅱ	EN	
细茎石斛	*Dendrobium moniliforme*	国家二级	附录Ⅱ	NE	
单叶厚唇兰	*Epigeneium fargesii*		附录Ⅱ	LC	
小毛兰	*Eria pusilla*		附录Ⅱ	VU	
无叶美冠兰	*Eulophia zollingeri*		附录Ⅱ	LC	
台湾盆距兰	*Gastrochilus formosanus*		附录Ⅱ	NT	

中文名	拉丁名	保护级别	CITES附录	濒危等级	其他
黄松盆距兰	*Gastrochilus japonicus*		附录 II	VU	
多叶斑叶兰	*Goodyera foliosa*		附录 II	LC	
高斑叶兰	*Goodyera procera*		附录 II	LC	
斑叶兰	*Goodyera schlechtendaliana*		附录 II	NT	
绒叶斑叶兰	*Goodyera velutina*		附录 II	LC	
绿花斑叶兰	*Goodyera viridiflora*		附录 II	LC	
线叶十字兰	*Habenaria linearifolia*		附录 II	NT	
裂瓣玉凤花	*Habenaria petelotii*		附录 II	DD	
盔花舌喙兰	*Hemipilia galeata*		附录 II	LC	
叉唇角盘兰	*Herminium lanceum*		附录 II	LC	
镰翅羊耳蒜	*Liparis bootanensis*		附录 II	LC	
秉滔羊耳蒜	*Liparis pingtaoi*		附录 II	NE	
长苞羊耳蒜	*Liparis inaperta*		附录 II	CR	
见血青	*Liparis nervosa*		附录 II	LC	
香花羊耳蒜	*Liparis odorata*		附录 II	LC	
长唇羊耳蒜	*Liparis pauliana*		附录 II	LC	
日本对叶兰	*Listera japonica*		附录 II	VU	
纤叶钗子股	*Luisia hancockii*		附录 II	LC	
深裂沼兰	*Malaxis purpureum*		附录 II	LC	
小沼兰	*Malaxis microtatantha*		附录 II	NT	
二叶兜被兰	*Neottianthe cucullata*		附录 II	VU	
七角叶芋兰	*Nervilia mackinnonii*		附录 II	EN	
长叶山兰	*Oreorchis fargesii*		附录 II	NT	
长须阔蕊兰	*Peristylus calcaratus*		附录 II	LC	
狭穗阔蕊兰	*Peristylus densus*		附录 II	LC	
黄花鹤顶兰	*Phaius flavus*		附录 II	LC	
细叶石仙桃	*Pholidota cantonensis*		附录 II	LC	
石仙桃	*Pholidota chinensis*		附录 II	LC	
大明山舌唇兰	*Platanthera damingshanica*		附录 II	VU	
小舌唇兰	*Platanthera minor*		附录 II	LC	
筒距舌唇兰	*Platanthera tipuloides*		附录 II	NT	
台湾独蒜兰	*Pleione formosana*	国家二级	附录 II	VU	
朱兰	*Pogonia japonica*		附录 II	NT	
香港绶草	*Spiranthes hongkongensis*		附录 II	NE	
绶草	*Spiranthes sinensis*		附录 II	LC	
带叶兰	*Taeniophyllum glandulosum*		附录 II	LC	
带唇兰	*Tainia dunnii*		附录 II	NT	
小花蜻蜓兰	*Tulotis ussuriensis*		附录 II	NT	
旗唇兰	*Vexillabium yakushimense*		附录 II	VU	

注：CR-极危；EN-濒危；VU-易危；NT-近危；LC-无危；DD-数据缺乏；NE-未予评估。下同。

◆ 第三节　国家重点保护野生植物

　　保护区共有国家重点保护野生植物49种,隶属28科36属,占保护区珍稀濒危植物总物种数的19.2%。其中,国家一级重点保护野生植物有3种,分别是中华水韭、银杏、南方红豆杉;国家二级重点保护野生植物有46种,主要有柳杉叶马尾杉、福建观音座莲、金毛狗、杪椤、福建柏、榧树、长叶榧、花榈木、中华猕猴桃、香果树、华重楼、金线兰、建兰、蕙兰、多花兰、春兰等。

　　49种国家重点保护野生植物中,列入CITES附录Ⅱ的有12种;《中国生物多样性红色名录》中列为极危(CR)的2种、濒危(EN)的5种、易危(VU)的17种、近危(NT)的8种。详见表1。

◆ 第四节　浙江省重点保护野生植物

　　保护区有浙江省重点保护野生植物34种,隶属25科31属,占保护区珍稀濒危植物总物种数的13.3%。其中,蕨类植物1种,裸子植物3种,被子植物30种。

　　浙江省重点保护野生植物中,《中国生物多样性红色名录》中列为濒危(EN)的1种、易危(VU)的5种、近危(NT)的6种。详见表1。

◆ 第五节　《濒危野生动植物物种国际贸易公约》附录物种

　　保护区珍稀濒危植物中,列入CITES附录的植物共有78种,占保护区珍稀濒危植物总物种数的30.6%,隶属5科43属。其中,蕨类植物2科2属3种,裸子植物1科1属1种,被子植物2科40属74种。

　　CITES附录收录的物种中,国家重点保护野生植物有12种;《中国生物多样性红色名录》中列为极危(CR)的3种、濒危(EN)的3种、易危(VU)的13种、近危(NT)的12种。详见表1。

◆ 第六节　《中国生物多样性红色名录》近危及以上等级的物种

　　保护区珍稀濒危植物中,《中国生物多样性红色名录》中列为近危(NT)及以上等级的植物有112种,隶属55科96属。其中,极危(CR)的有6种,濒危(EN)的有13种,易危(VU)的有43种,近危(NT)的有50种。

　　《中国生物多样性红色名录》收录的珍稀濒危植物中,国家重点保护野生植物有32种,浙江省重点保护野生植物有12种,列入CITES附录的有32种。详见表1。

◆ 第七节 其他珍稀濒危植物

保护区珍稀濒危植物十分丰富,除上述珍稀濒危植物外,尚有 60 种其他珍稀濒危植物(见表 2),隶属 39 科 52 属,占保护区珍稀濒危植物总物种数的 23.5%。

这些珍稀濒危植物虽然多数被《中国生物多样性红色名录》列为无危(LC),但它们中的大多数种类分布区狭窄,在浙江省乃至全国均较为罕见,资源总量稀少,亟须被保护。如天目山景天、温州长蒴苣苔等是浙江特有种;大柱霉草、日本金腰、越南安息香等是新近发现于保护区的新记录植物。此外,还有一部分植物,如泰顺石楠、泰顺皿果草、浙南木犀、山地乌蔹莓、黑果石楠、铜铃山紫菀等是新近发表的新种,保护区及其周边区域是其模式产地。

表 2   保护区其他珍稀濒危植物

中文名	拉丁名	科名	濒危等级
阴地蕨	*Botrychium ternatum*	阴地蕨科 Botrychiaceae	LC
粉背蕨	*Aleuritopteris pseudofarinosa*	中国蕨科 Sinopteridaceae	LC
华南舌蕨	*Elaphoglossum yoshinagae*	舌蕨科 Elaphoglossaceae	LC
厚叶铁线莲	*Clematis crassifolia*	毛茛科 Ranunculaceae	LC
菝葜叶铁线莲	*Clematis loureiriana*	毛茛科 Ranunculaceae	LC
福建小檗	*Berberis fujianensis*	小檗科 Berberidaceae	LC
野黄桂	*Cinnamomum jensenianum*	樟科 Lauraceae	LC
天目山景天	*Sedum tianmushanense*	景天科 Crassulaceae	LC
草绣球	*Cardiandra moellendorffii*	虎耳草科 Saxifragaceae	LC
肾萼金腰	*Chrysosplenium delavayi*	虎耳草科 Saxifragaceae	LC
日本金腰	*Chrysosplenium japonicum*	虎耳草科 Saxifragaceae	LC
长尾半枫荷	*Semiliquidambar caudata*	金缕梅科 Hamamelidaceae	NE
景宁晚樱	*Cerasus paludosa*	蔷薇科 Rosaceae	NE
黑果石楠	*Photinia atropurpurea*	蔷薇科 Rosaceae	NE
泰顺石楠	*Photinia taishunensis*	蔷薇科 Rosaceae	NE
铅山悬钩子	*Rubus tsangii* var. *yanshanensis*	蔷薇科 Rosaceae	LC
斑子乌桕	*Sapium atrobadiomaculatum*	大戟科 Euphorbiaceae	LC
皱柄冬青	*Ilex kengii*	冬青科 Aquifoliaceae	LC
汝昌冬青	*Ilex limii*	冬青科 Aquifoliaceae	LC
疏花卫矛	*Euonymus laxiflorus*	卫矛科 Celastraceae	LC
福建假卫矛	*Microtropis fokienensis*	卫矛科 Celastraceae	LC
管茎凤仙花	*Impatiens tubulosa*	凤仙花科 Balsaminaceae	LC
山地乌蔹莓	*Causonis montana*	葡萄科 Vitaceae	NE

续表

中文名	拉丁名	科名	濒危等级
无毛崖爬藤	*Tetrastigma obtectum* var. *glabrum*	葡萄科 Vitaceae	LC
大果俞藤	*Yua austro-orientalis*	葡萄科 Vitaceae	LC
黑蕊猕猴桃	*Actinidia melanandra*	猕猴桃科 Actinidiaceae	LC
小果石笔木	*Tutcheria microcarpa*	山茶科 Theaceae	LC
白花荛花	*Wikstroemia trichotoma*	瑞香科 Thymelaeaceae	LC
肉穗草	*Sarcopyramis bodinieri*	野牡丹科 Melastomataceae	LC
糙叶五加	*Acanthopanax henryi*	五加科 Araliaceae	LC
锐叶茴芹	*Pimpinella arguta*	伞形科 Umbelliferae	LC
球果假沙晶兰	*Monotropastrum humile*	鹿蹄草科 Pyrolaceae	LC
普通鹿蹄草	*Pyrola decorata*	鹿蹄草科 Pyrolaceae	LC
齿缘吊钟花	*Enkianthus serrulatus*	杜鹃花科 Ericaceae	LC
弯蒴杜鹃	*Rhododendron henryi*	杜鹃花科 Ericaceae	LC
毛果杜鹃	*Rhododendron seniavinii*	杜鹃花科 Ericaceae	LC
虎舌红	*Ardisia mamillata*	紫金牛科 Myrsinaceae	LC
莲座紫金牛	*Ardisia primulifolia*	紫金牛科 Myrsinaceae	LC
越南安息香	*Styrax tonkinensis*	安息香科 Styracaceae	LC
浙南木犀	*Osmanthus austrozhejiangensis*	木犀科 Oleaceae	NE
厚边木犀	*Osmanthus marginatus*	木犀科 Oleaceae	LC
大叶醉鱼草	*Buddleja davidii*	马钱科 Loganiaceae	LC
通天连	*Tylophora koi*	萝藦科 Asclepiadaceae	LC
泰顺皿果草	*Omphalotrigonotis taishunensis*	紫草科 Boraginaceae	NE
狭叶兰香草	*Caryopteris incana* var. *angustifolia*	马鞭草科 Verbenaceae	LC
绵穗苏	*Comanthosphace ningpoensis*	唇形科 Labiatae	LC
浙闽龙头草	*Meehania zheminensis*	唇形科 Labiatae	NE
温州长蒴苣苔	*Didymocarpus cortusifolius*	苦苣苔科 Gesneriaceae	NE
温氏报春苣苔	*Primulina wenii*	苦苣苔科 Gesneriaceae	NE
浙南茜草	*Rubia austrozhejiangensis*	茜草科 Rubiaceae	NE
钮子瓜	*Zehneria maysorensis*	葫芦科 Cucurbitaceae	NE
长圆叶兔儿风	*Ainsliaea kawakamii* var. *oblonga*	菊科 Asteraceae	NE
铜铃山紫菀	*Aster tonglingensis*	菊科 Asteraceae	NE
大柱霉草	*Sciaphila secundiflora*	霉草科 Triuridaceae	NE
日本小丽草	*Coelachne japonica*	禾本科 Gramineae	NE
深裂竹根七	*Disporopsis pernyi*	百合科 Liliaceae	LC
南投万寿竹	*Disporum nantouense*	百合科 Liliaceae	LC
木本牛尾菜	*Smilax ligneoriparia*	百合科 Liliaceae	LC
头花水玉簪	*Burmannia championii*	水玉簪科 Burmanniaceae	LC
宽翅水玉簪	*Burmannia nepalensis*	水玉簪科 Burmanniaceae	LC

各

GE LUN

论

◆ 第一节 蕨类植物

1 蛇足石杉 千层塔

Huperzia serrata（Thunb.）Trevis.

科 石杉科 Huperziaceae

属 石杉属 *Huperzia*

形态特征 土生蕨类植物,高 10~30cm。茎直立或下部平卧,中部直径 1.5~3.5mm,枝连叶宽 1.5~4cm,二至四回二叉分枝,枝上部常有芽胞。叶螺旋状排列,略呈 4 行,疏生,平伸,通直,具短柄;叶片椭圆披针形,长 1~2cm,宽 3~4mm,先端尖,基部狭楔形,边缘有不规则的尖锯齿,具明显中脉。分株或孢子繁殖,孢子叶与营养叶同大同形。孢子囊肾形,淡黄色,腋生,横裂,两端露出,几乎每一叶都有;孢子同形,极面观为钝三角形,具 3 裂缝,具穴状纹饰。

分布与生境 见于双坑口、上芳香、金刚厂、里光溪、高岱源、罗溪源、黄桥、双坑头、岭北、小燕、洋溪、黄连山、溪斗,生于带有一定腐殖质的林下草丛中、竹林下。

保护价值 全草入药,味苦、涩,性凉,有毒。可止血生肌、消炎止痛。最新研究发现,其对治疗阿尔茨海默病具特效,需求量剧增,但人工繁育困难,野生资源趋于枯竭。

保护与濒危等级 国家二级重点保护野生植物。《中国生物多样性红色名录》濒危(EN)。

2 四川石杉　针叶石松

Huperzia sutchueniana（Herter）Ching

科　石杉科 Huperziaceae

属　石杉属 *Huperzia*

形态特征　土生蕨类植物,高 10~20cm。茎直立,中部直径 1.2~3mm,单一或一至二回二叉分枝,基部仰卧,上部弯弓,斜生,枝上部常有芽胞。叶螺旋状排列,密生,近平展;基部叶狭楔形,边缘有不规则尖锯齿,其上的叶披针形,通直或略呈镰刀形,长 5~10mm,宽约 1mm,渐尖头,基部较宽,边缘有疏微齿;孢子叶与不育叶同形。着生孢子囊的枝有成层现象。孢子囊肾形,生于孢子叶的叶腋,两端超出叶缘。

分布与生境　见于黄连山,生于海拔 700m 以上的林下草丛中。

保护价值　中国特有种。全草入药,具散瘀消肿、止血生肌、消炎解毒、麻醉止痛之效。临床研究表明,本种具有胆碱酯酶抑制作用,可治疗重症肌无力。

保护与濒危等级　国家二级重点保护野生植物。《中国生物多样性红色名录》近危(NT)。

3 柳杉叶马尾杉

Phlegmariurus cryptomerianus（Maxim.）Ching

科　石杉科 Huperziaceae
属　马尾杉属 *Phlegmariurus*

形态特征 附生蕨类植物，高 20~25cm。茎簇生，直立，上部倾斜至下垂，通常三至四回二叉分枝，长约 20cm，茎粗 2~3mm，连叶宽 3~3.5cm。叶螺旋状排列，斜展而指向外；叶片革质，有光泽，中脉背面隆起，干后绿色；营养叶披针形，长 1.5~2.2cm，宽 1.5~2mm，先端锐尖，基部缩狭下延，无柄；孢子叶与营养叶同形同大，斜展而指向外，不形成明显的孢子叶穗。孢子囊圆肾形，生于孢子叶腋，两侧突出叶缘外。

分布与生境 见于双坑口、万斤窑、金刚厂、三插溪等地，生于林下阴湿岩石上或苔藓丛中。

保护价值 全草入药，有活络祛瘀、清热解毒、解表透疹的功效；可作为石杉碱甲的提取药源，用于治疗阿尔茨海默病。

保护与濒危等级 国家二级重点保护野生植物。《中国生物多样性红色名录》近危（NT）。

4 福氏马尾杉　华南马尾杉

Phlegmariurus fordii（Baker）Ching

科　石杉科 Huperziaceae
属　马尾杉属 *Phlegmariurus*

形态特征　附生蕨类植物,高 15~20cm。茎簇生,直立,倾斜或下垂。一至二回二叉分枝或单一,连叶宽 1~1.7cm。叶螺旋状排列,斜展;营养叶椭圆状披针形,指向上,长 1~1.5cm,中部宽 3~4mm,急尖头,基部渐变狭,中脉明显,茎下部的叶渐变短,上部的叶向孢子叶逐渐过渡变小;孢子叶条状披针形,排列紧密,长约 5mm,宽约 1mm,先端钝。孢子叶穗单一,长 3.5~4.5cm,宽 6~8mm;孢子囊生于孢子叶腋,圆肾形,黄色。

分布与生境　见于双坑口,附生于海拔 100~700m 的林下阴湿岩石或树干上。

保护价值　分布区狭窄,种群数量稀少。全草入药,具消肿止痛、祛风止血、清热解毒的功效。

保护与濒危等级　国家二级重点保护野生植物。《中国生物多样性红色名录》无危(LC)。

5 闽浙马尾杉 闽浙石杉

Phlegmariurus minchegensis（Ching）L. B. Zhang

科 石杉科 Huperziaceae

属 马尾杉属 *Phlegmariurus*

形态特征 附生蕨类植物，高 17~33cm。茎簇生，直立或老时顶部略下垂，粗约3mm，一至数回二叉分枝或单一，连叶宽 1.5~2.3cm，向上部略变狭。叶螺旋状排列，斜展；营养叶披针形，指向外，长 1.1~1.5cm，宽 1.5~2.5mm，先端渐尖，基部楔形下延，无柄，不反折；质坚厚，有光泽，干后黄绿色；孢子叶排列稀疏，与营养叶同形，但远较小，长 8~13mm，宽 0.7~0.8mm，斜展，极稀疏，穗轴外露。孢子囊生于孢子叶腋，肾形。孢子球状四面形。

分布与生境 见于黄桥，附生于海拔 500~1000m 的林下阴湿岩石上。

保护价值 中国特有种，分布区狭窄，数量稀少。

保护与濒危等级 国家二级重点保护野生植物。《中国生物多样性红色名录》无危(LC)。

6 中华水韭

Isoetes sinensis Palmer

科 水韭科 Isoetaceae
属 水韭属 *Isoetes*

形态特征 多年生挺水或沉水草本。根状茎块状3裂。叶多数,淡绿色至深绿色,覆瓦状密生于茎端,长15~50cm,基部宽3mm,条形,尖头,基部变阔成膜质鞘,腹面凹陷,凹入处生孢子囊,其上生叶舌,叶内具纵向通气道,并有多数加厚的横隔膜;气孔多数,上部尤多;叶舌心形渐尖、厚,长2mm,宽1.5mm。孢子囊椭圆形,长7~9mm,宽3mm,其上无囊幕,表面通常白色,具1条由密的暗褐色细胞组成的宽300μm的完全周边。大孢子白色;小孢子灰色。

分布与生境 《乌岩岭保护区志》记载有分布,野外调查未见。

保护价值 中国特有的活化石植物,被称为植物界的大熊猫,濒危的孑遗植物,具有很高的学术研究价值。

保护与濒危等级 国家一级重点保护野生植物。《中国生物多样性红色名录》濒危(EN)。

7 松叶蕨 松叶兰

Psilotum nudum（L.）Beauv.

科　松叶蕨科 Psilotaceae

属　松叶蕨属 *Psilotum*

形态特征　小型蕨类,高 20~50cm,常成丛。茎基部匍匐,以毛状构造的假根固定于岩缝中或树干上,上部直立或下垂,三至五回二叉分枝,绿色,有棱。叶极小,散生,不育叶钻形或鳞片状,无脉,全缘,先端尖;孢子叶卵圆形,先端 3 叉。孢子囊球形,2 瓣纵裂,常 3 个融合为蒴果状的聚囊,直径约 4mm,黄褐色。

分布与生境　见于黄桥、三插溪等地,生于岩石缝隙中或树干上。

保护价值　古生代孑遗植物,是现存蕨类植物中最古老的物种之一。星散分布于热带、亚热带地区,对研究古植物地理区系及蕨类植物的系统演化具有重要学术价值。全草入药,具祛风通络、消炎解毒、利水止血的功效。形态优雅奇特,可栽培供室内观赏或作园林假山点缀。

保护与濒危等级　浙江省重点保护野生植物。《中国生物多样性红色名录》易危(VU)。

8 阴地蕨

Botrychium ternatum (Thunb.) Sw.

科 阴地蕨科 Botrychiaceae
属 阴地蕨属 *Botrychium*

形态特征 植株高 10~25cm。根状茎短,横卧或斜生,顶部密被鳞片;鳞片大,淡棕色,卵形或卵状披针形,疏生缘毛。叶近生,二型;不育叶有短柄,长 1~4cm,能育叶的叶柄远较长,可达 10cm,均被与根状茎同样的鳞片;叶片披针形,长 9~15cm,中部宽 1.5~3cm,先端渐尖,基部狭长楔形,并向叶柄下延,全缘;中脉明显,侧脉多数,细密,略可见,一至二回分叉,不达叶边;叶革质,略肥厚,两面疏被棕褐色、边缘不规则的纤维状小鳞片,中部以下常较密;能育叶与不育叶同形,但较狭小。孢子囊群沿侧脉着生,成熟时布满能育叶下面。

分布与生境 见于双坑口,生于海拔 800m 以下的岩壁上。

保护价值 药用价值较高,全草入药,具有清热解毒、平肝熄风、镇咳、止血、明目去翳的功效,主治小儿高热、肺热咳嗽、咯血、疮疡肿毒、毒蛇咬伤、目赤火眼等。

保护与濒危等级 《中国生物多样性红色名录》无危(LC)。

9 福建观音座莲　福建座莲蕨

Angiopteris fokiensis Hieron.

科　观音座莲科 Angiopteridaceae
属　观音座莲属 *Angiopteris*

形态特征　大型蕨类,高1.5~2m。根状茎块状,露出地面。叶簇生;叶柄长50~70cm或更长,粗1.5~2cm,基部有褐色狭披针形鳞片,腹面有浅纵沟,沟两侧具瘤状突起;叶片阔卵形,长与宽均为80cm以上,二回羽状;羽片5~7对,互生,狭长圆形,长50~60cm,宽15~20cm,基部不缩狭或略缩狭;小羽片35~40对,平展,上部的略斜向上,披针形,长7~10cm,宽1~1.3cm,先端渐尖,基部近截形或圆形,边缘有浅三角形锯齿;叶脉单一或二叉。孢子囊群长圆形,长1~2mm,着生于近叶边处,通常由8~10孢子囊组成。

分布与生境　见于里光溪、杨寮、上地、碑排、榅垟、寿泰溪、溪斗等地,生于海拔500m以下的山坡林下或沟谷。

保护价值　优良的观赏蕨类。根状茎入药,具疏风祛瘀、清热解毒、凉血止血、安神的功效。

保护与濒危等级　国家二级重点保护野生植物。《中国生物多样性红色名录》无危(LC)。

10 **粗齿紫萁**　羽节紫萁

Osmunda banksiifolia Pr.

科　紫萁科 Osmundaceae
属　紫萁属 *Osmunda*

形态特征　大型蕨类,高可达1.5m。根状茎粗壮,直立,短树干状,外面密被宿存的叶柄基部。叶簇生;叶柄长30~50cm,深禾秆色或棕禾秆色,略有光泽,坚硬;叶片革质,光滑,长圆形,长40~100cm,宽20~35cm,一回羽状;羽片12~24对,互生或近对生,有短柄,以关节着生于叶轴上,二型;中部以上的羽片狭披针形,长15~20cm,宽1.5~2cm,先端渐尖,基部楔形,边缘有粗大的三角形尖齿;顶生羽片与侧生羽片同形,具长柄;叶脉粗,两面隆起,侧脉三至四回分叉。通常能育羽片着生在叶片下部,2~6对,条状披针形、条形,深棕色,孢子囊着生于羽轴两侧。

分布与生境　见于竹里、左溪、里光溪、三插溪等地,生于海拔600m以下的山坡林下、溪边林缘。

保护价值　植株高大,可作庭院、公园绿化树种,也可盆栽观赏。

保护与濒危等级　《中国生物多样性红色名录》近危(NT)。

11 金毛狗 金毛狗脊、狗脊

Cibotium barometz（L.）J. Sm.

科 蚌壳蕨科 Dicksoniaceae
属 金毛狗属 *Cibotium*

形态特征 大型蕨类,高可达4m。根状茎卧生,粗大;顶端生出一丛大叶,基部被有一大丛垫状的金黄色茸毛,有光泽。叶片大,长达1.8m,三回羽状分裂;中脉两面突出,侧脉两面隆起,斜出,单一,但在不育羽片上分为2叉;叶薄革质或厚纸质,小羽轴上、下两面疏生短褐色毛。孢子囊群1~5对生于每一末回能育裂片上;囊群盖坚硬,棕褐色,成熟时张开如蚌壳,露出孢子囊群。孢子三角状四面形,透明。

分布与生境 见于里光溪、竹里、叶山岭、三插溪、左溪、黄桥、寿泰溪、溪斗等地,生于溪边、林下阴湿处。

保护价值 四季常青,适于作林下配置或在林荫处种植,也可作为室内观赏蕨类。金毛狗为中国药典收载的中药材,其根状茎入药,药名"狗脊"或"金毛狗脊",其味苦、甘,性温,具有补肝肾、强腰膝、除风湿、壮筋骨、利尿通淋等功效。

保护与濒危等级 国家二级重点保护野生植物。《中国生物多样性红色名录》无危(LC);列入CITES附录Ⅱ。

12 粗齿桫椤　粗齿黑桫椤

Alsophila denticulata Baker

科　桫椤科 Cyatheaceae
属　桫椤属 *Alsophila*

形态特征　大型蕨类,植株高达1.5m。主茎短而横卧。叶簇生;叶柄红褐色,稍有疣状突起,基部生金黄色鳞片,向上光滑;鳞片条形,边缘有疏长刚毛;叶片披针形,二至三回羽状;羽片12~16对,互生,斜向上,有短柄,长圆形,基部1对羽片稍短缩;小羽片先端短渐尖,无柄,深羽裂近达小羽轴,基部1或2对裂片分离;基部下侧1条小脉出自主脉;羽轴红棕色;小羽轴及主脉密生鳞片;小羽片主脉及裂片中脉背面被泡状鳞片,边缘有黑棕色刚毛。孢子囊群圆形,生于小脉中部或分叉上;无囊群盖;隔丝多,稍短于孢子囊。

分布与生境　见于里光溪、三插溪、黄连山、溪斗等地,生于山谷溪边林下。

保护价值　古老的孑遗植物,间断分布于中国和日本,是研究物种的形成、地质变迁、植物地理分布的理想对象。株形美观别致,可供观赏。

保护与濒危等级　《中国生物多样性红色名录》无危(LC);列入CITES附录Ⅱ。

13 桫椤　刺桫椤

Alsophila spinulosa（Wall. ex Hook.）R. M. Tryon

科　桫椤科 Cyatheaceae

属　桫椤属 *Alsophila*

形态特征　树形蕨类,茎干高达6m。叶螺旋状排列于茎顶端;茎段端、拳卷叶以及叶柄的基部密被鳞片和糠秕状鳞毛;鳞片暗棕色,有光泽,狭披针形,先端呈刚毛状,两侧具啮齿状薄边;叶柄长达50cm,通常棕色,连同叶轴和羽轴有刺状突起;叶片大,长矩圆形,三回羽状深裂;羽片17~20对,二回羽状深裂;小羽片18~20对,羽状深裂;裂片18~20对,斜展,镰刀状披针形;叶纸质,干后绿色。孢子囊群生于侧脉分叉处,靠近中脉,有隔丝,囊托突起;囊群盖球形,膜质,成熟时反折覆盖于主脉上面。

分布与生境　见于洋溪,生于山地溪旁或疏林中。

保护价值　古老的孑遗植物,对研究物种的形成、植物地理区系等具有重要的价值。树形高大、挺拔、美观,树冠犹如巨伞,具有极高的观赏价值。

保护与濒危等级　国家二级重点保护野生植物。《中国生物多样性红色名录》近危(NT);列入CITES附录Ⅱ。

14 粉背蕨 假粉背蕨

Aleuritopteris pseudofarinosa Ching et S. K. Wu

科	中国蕨科 Sinopteridaceae
属	粉背蕨属 *Aleuritopteris*

形态特征　小型蕨类,高 20~40cm。根状茎短而直立,顶端密被鳞片。叶簇生;叶柄长 10~30cm,栗褐色,有光泽,基部疏被宽披针形鳞片,向上光滑;叶片三角状卵圆披针形,长 10~25cm,宽 5~10cm,基部最宽,基部三回羽裂,中部二回羽裂,向顶部羽裂;侧生羽片 5~10 对,对生或近对生,斜向上伸展,以无翅叶轴分开,下部 1~2 对羽片相距 2~4cm;基部 1 对羽片斜三角形,二回羽裂;叶干后纸质或薄革质,上面淡褐绿色,光滑,下面被白色粉末;羽轴、小羽轴与叶轴同色,光滑。孢子囊群由多个孢子囊组成,汇合成条形;囊群盖断裂,膜质,棕色,边缘撕裂成睫毛状。

分布与生境　见于竹里、里光溪,生于林缘石缝中或岩石上。

保护价值　中国特有种。全草入药,具有镇咳化痰、健脾利湿、活血止血的功效,主治咳嗽、痢疾、消化不良、月经不调、跌打损伤、瘰疬等。

保护与濒危等级　《中国生物多样性红色名录》无危(LC)。

15　东京鳞毛蕨

Dryopteris tokyoensis（Matsum. ex Makino）C. Chr.

科　鳞毛蕨科 Dryopteridaceae
属　鳞毛蕨属 *Dryopteris*

形态特征　沼生蕨类，高 60~90cm。根状茎短而直立，连同叶柄密被鳞片。叶直立，簇生；叶柄长 14~24cm，禾秆色；叶片倒披针形，长 46~66cm，宽 10~13cm，二回羽裂，羽片 21~23 对，互生，斜展，线形或线状披针形，基部两侧耳状膨大，羽状半裂至深裂；裂片圆卵形或长圆形，边缘有锯齿。叶脉羽状，两面隆起。叶草质，叶轴下面疏被灰棕白色、披针形小鳞片，羽轴下面有 1~2 披针形纤维状小鳞片。仅叶片顶部的 7~9 对羽片能育。孢子囊群圆形，着生于基部上侧一小脉上端；囊群盖圆肾形，大而薄，褐色，宿存。

分布与生境　见于乌岩岭、小燕，生于海拔 1000m 以上的高山湿草地及沼泽中。

保护价值　中国、日本间断分布种，是浙江鳞毛蕨科成员中唯一生于沼泽的种类，与福建紫萁组成一个以蕨类为建群种的群落，具有一定的科研及生态价值。形态优美，可供观赏。

保护与濒危等级　《中国生物多样性红色名录》濒危（EN）。

16　华南舌蕨

Elaphoglossum yoshinagae（Yatabe）Makino

科　舌蕨科 Elaphoglossaceae
属　舌蕨属 *Elaphoglossum*

形态特征　附生蕨类,高 10~25cm。根状茎短,横卧或斜生,顶部密被鳞片;鳞片大,淡棕色,卵形或卵状披针形,疏生缘毛。叶近生,二型,不育叶有短柄,长 1~4cm,能育叶的叶柄远较长,可达 10cm,均被与根状茎同样的鳞片;叶片披针形,长 9~15cm,中部宽 1.5~3cm,先端渐尖,基部狭长楔形,并向叶柄下延,全缘;中脉明显,侧脉多数,细密,略可见,一至二回分叉,不达叶边;叶革质,略肥厚,两面疏被棕褐色、边缘不规则的纤维状小鳞片,中部以下常较密;能育叶与不育叶同形,但较狭小。孢子囊群沿侧脉着生,成熟时布满能育叶下面。

分布与生境　见于里光溪、三插溪、陈吴坑、洋溪,附生于海拔 250~800m 的岩壁上。

保护价值　东亚特有种,间断分布于中国和日本。根状茎富含淀粉,幼叶有特殊的清香,可炒食或干制成蔬菜;强钙性土壤的指示植物,对勘探某些矿藏有参考价值;植株优美,观赏价值高。

保护与濒危等级　《中国生物多样性红色名录》无危（LC）。

◆ 第二节 裸子植物

17 银杏 白果、公孙树

Ginkgo biloba L.

科 银杏科 Ginkgoaceae

属 银杏属 *Ginkgo*

形态特征 落叶大乔木,高达40m。老树树皮灰褐色,深纵裂;短枝密被叶痕。叶片扇形,有长柄,淡绿色,在一年生长枝上螺旋状散生,在短枝上3~8片呈簇生状。球花单性,雌雄异株;雄球花4~6枚,花药黄绿色,花粉球形;雌球花具长梗,梗端常1~5叉,叉顶各具1枚直立胚珠。种子椭圆形、长倒卵形、卵圆形或近圆球形,外种皮肉质,熟时黄色或橙黄色,外被白粉,有酸臭味,中种皮骨质,白色,具2~3条纵脊。花期3—4月,果期9—10月。

分布与生境 见于楠垟、黄桥,生于村庄旁树林中,多为古树。

保护价值 中国特有的古老孑遗植物,素有"活化石"之称。种仁为优良的干果,是传统的出口商品之一。叶片提取物是治疗心血管疾病及阿尔茨海默病的重要原料。木材致密,为工艺雕刻、绘图板等的优良材料。树干挺拔,叶形奇特而古雅,是珍贵优美的绿化观赏树种,也可作盆景。

保护与濒危等级 国家一级重点保护野生植物。《中国生物多样性红色名录》极危(CR)。

18 江南油杉 油杉

Keteleeria cyclolepis Flous

科 松科 Pinaceae
属 油杉属 *Keteleeria*

形态特征 常绿乔木,高达20m。一年生枝有褐色柔毛。叶线形,在侧枝上排成2列,先端钝圆、微凹或具微突尖,边缘微反曲,上面亮绿色,下面淡黄绿色,沿中脉两侧各有10~20条气孔线,微具白粉;幼树及萌生枝密生柔毛,叶较长而宽,先端刺状渐尖。球果圆柱形或椭圆状圆柱形,中部的种鳞斜方形或斜方状圆形,长、宽近相等,上部边缘微向内反曲,鳞背露出部分无毛或近无毛,上部近圆形;苞鳞先端3裂,中裂片窄长,先端渐尖,边缘有细锯齿。种翅中部或中下部较宽。花期4月,种子10月成熟。

分布与生境 见于双坑口、金刚厂、黄家岱、白水漈、高岱源、碑排等地,生于海拔500~1100m的山地林中。

保护价值 中国特有树种。优良的山地造林树种;木材坚实,纹理直,有光泽,耐水湿,供造船、建筑、作家具等;树根富含胶汁,用于生产造纸的浮选剂。

保护与濒危等级 浙江省重点保护野生植物。《中国生物多样性红色名录》无危(LC)。

19 金钱松 水松、金松

Pseudolarix amabilis（J. Nelson）Rehder

科　松科 Pinaceae
属　金钱松属 *Pseudolarix*

形态特征　落叶大乔木,高达 54m。树干通直;树皮灰褐色,裂成不规则的鳞片状块片;大枝不规则轮生,平展。叶在长枝上的辐射伸展,在短枝上簇生;叶片条形,扁平而柔软,长 2~5.5cm,宽 1.5~4mm,上面绿色,中脉略可见,下面蓝绿色,中脉明显。雄球花黄色,圆柱状,下垂;雌球花紫红色,椭球形,直立。球果卵圆形或倒卵圆形,长 6~7.5cm,有短梗;种鳞卵状披针形,长 2.5~3.5cm,基部呈心形;苞鳞卵状披针形,边缘有细齿。种子倒卵形或卵圆形,淡黄白色,长 6~8mm,种翅三角状披针形。花期 4 月,果球 10 月成熟。

分布与生境　见于叶山岭、芳香坪、双坑口、陈吴坑等地,生于海拔 800m 以下的路旁或林缘。

保护价值　中国特有树种。木材纹理通直,耐水湿,为建筑、桥梁、船舶、家具的优良用材。根皮和近根基干皮可入药,名"土荆皮",是制取酊剂和复方酊剂的原料,对治疗疗疮和顽癣有显著效果。树姿优美,秋后叶呈金黄色,是著名的庭院观赏树。

保护与濒危等级　国家二级重点保护野生植物。《中国生物多样性红色名录》易危(VU)。

20 福建柏 建柏

Fokienia hodginsii（Dunn）A. Henry et H. H. Thomas

科 柏科 Cupressaceae
属 福建柏属 *Fokienia*

形态特征 常绿乔木,高达30m。树皮紫褐色,平滑或纵裂。生鳞叶小枝扁平,排成一平面。鳞叶大,2对交叉对生,呈节状,上面之叶蓝绿色,下面之叶中脉隆起,两侧具有明显的白色气孔带,先端渐尖或急尖。球果近球形;种鳞木质,盾形,顶部多角形,表面皱缩微凹,中间有1大小尖头突起。种子卵形,长约4mm,上面有2个大小不等的薄翅。花期3—4月,种子翌年10月成熟。

分布与生境 见于芳香坪、上芳香,生于海拔600~1200m的山地林中或岩石上。

保护价值 纹理细致,坚实耐用,可供建筑、雕刻、家具、农具等用材。枝叶浓密而清秀,树形端庄而优雅,为优良的庭院观赏树。

保护与濒危等级 国家二级重点保护野生植物。《中国生物多样性红色名录》易危(VU)。

21 圆柏 桧柏、刺柏、红心柏

Sabina chinensis (L.) Antoine

科　柏科 Cupressaceae
属　圆柏属 *Sabina*

形态特征 常绿乔木,高达20m。树皮深灰色或淡红褐色,裂成长条片剥落;大枝平展,树冠广卵形或圆锥形,生鳞叶的小枝近圆柱形,直径1~1.2mm。叶二型,幼苗期多为刺叶,中龄树和老树兼有刺叶与鳞叶。刺叶通常3叶轮生,排列稀疏,长6~12mm,上面微凹,有2条白粉带;鳞叶先端急尖,交叉对生,间或3叶轮生,排列紧密。球果翌年成熟,近圆球形,直径6~8mm,暗褐色,被白粉。种子1~4粒,卵圆形,扁,顶端钝,有棱脊。

分布与生境 见于三插溪,生于陡峭的岩壁上。

保护价值 木材坚韧致密,有香气,耐腐力强,可作房屋建筑、家具及细木工等用材。树根、枝、叶可提柏木油;枝、叶可入药,有祛风散寒、活血消肿、利尿之功效。树形优美,为重要的园林景观树种和盆景树种。

保护与濒危等级 浙江省重点保护野生植物。《中国生物多样性红色名录》无危(LC)。

22 罗汉松 罗汉杉

Podocarpus macrophyllus（Thunb.）Sweet

科 罗汉松科 Podocarpaceae
属 罗汉松属 *Podocarpus*

形态特征 常绿乔木,高达20m。树皮灰色或灰褐色,浅纵裂,成片脱落。叶线状披针形,微弯,长7~13cm,宽0.7~1cm,先端尖,基部楔形,上面深绿色,有光泽,中脉显著隆起,下面灰绿色或浅绿色,中脉微隆起。雄球花穗状,腋生,常3~5个簇生于极短的总梗上,长3~5cm,基部有数枚三角状苞片;雌球花单生于叶腋,有梗,基部有少数钻形苞片。种子卵球形,直径0.8~1cm,熟时肉质假种皮紫黑色,有白粉,种托肉质圆柱形,红色或紫红色,梗长1~1.5cm。花期4—5月,种子8—9月成熟。

分布与生境 见于双坑口、左溪、小燕、三插溪,生于海拔100~800m的山地阔叶林中。

保护价值 材质优良,供制作家具、文体用具等用。树姿优美,优良的园林观赏树种。种托熟时可食。

保护与濒危等级 国家二级重点保护野生植物。《中国生物多样性红色名录》易危(VU)。

23　竹柏　船家树

Podocarpus nagi (Thunb.) Zoll. et Mor. ex Zoll.

科　罗汉松科 Podocarpaceae
属　罗汉松属 *Podocarpus*

形态特征　常绿乔木,高达20m。树皮红褐色,不规则薄片脱落,光滑;树冠广圆锥形。叶对生或近对生,革质,长卵形、卵状披针形或披针状椭圆形,长3.5~10cm,宽1~3cm,有多数平行细脉,无中脉,上面深绿色,有光泽,基部楔形或宽楔形,向下窄成柄状。雄球花腋生,常呈分枝状,总梗粗短,基部有少数苞片;雌球花单生于叶腋,稀成对腋生,基部有数枚苞片,苞片不发育成肉质种托。种子圆球形,直径1.2~1.5cm;假种皮暗紫色,有白粉;外种皮骨质,黄褐色,顶端圆,基部尖,表面密生小凹点。花期3—4月,种子10月成熟。

分布与生境　见于洋溪,生于海拔200~300m的溪边与山坡常绿阔叶林中。

保护价值　材质细,易加工,为优良的建筑、船舶、家具、器具及工艺用材。树冠浓郁,是优良的园林绿化树种。

保护与濒危等级　浙江省重点保护野生植物。《中国生物多样性红色名录》濒危(EN)。

24 粗榧 中国粗榧

Cephalotaxus sinensis (Rehder et E. H. Wilson) H. L. Li

科 三尖杉科 Cephalotaxaceae
属 三尖杉属 *Cephalotaxus*

形态特征 常绿灌木或小乔木,高5~10m。树皮灰色或灰褐色,薄片状脱落。叶在小枝上排成2列,通常直;叶片条形,长2~4cm,宽0.2~0.3cm,先端微突尖,基部近圆形,上面深绿色,两面中脉明显隆起,下面有2条白色气孔带,明显宽于绿色边带。雄球花6~7聚生成头状,生于叶腋,雄蕊4~11,花丝短;雌球花常生于小枝基部。种子2~5生于总梗的上端,卵圆形或椭圆状卵形,长1.8~2.5cm,顶端中央有尖头,成熟时肉质假种皮红褐色。花期3—4月,种子10月至翌年1月成熟。

分布与生境 见于白云尖,生于海拔800m以上的山坡与溪谷阔叶林中。

保护价值 中国特有种。木材坚实,供农具及细木工等用。树姿雅观,供城市绿化与制作盆景。植株含有三尖杉酯类和高三尖杉酯类生物碱,对白血病,特别是急性粒细胞白血病和单核细胞型白血病有较好的疗效。

保护与濒危等级 《中国生物多样性红色名录》近危(NT)。

25　南方红豆杉　红豆杉

Taxus chinensis（Pilg.）Rehder var. *mairei*
（Lemée et H. Lév.）W. C. Cheng et L. K. Fu

科　红豆杉科 Taxaceae
属　红豆杉属 *Taxus*

形态特征　常绿大乔木,高达30m。树皮赤褐色或灰褐色,浅纵裂。叶螺旋状互生,在小枝上排成2列;叶片条形,柔软,多呈镰刀状,长1.5~4cm,宽0.3~0.5cm,先端渐尖,上面中脉隆起,下面中脉带上偶见乳头状突起,气孔带黄绿色,中脉带明晰可见,呈淡绿色或绿色,绿色边带较宽而明显。种子倒卵圆形或椭圆状卵形,长6~8mm,直径4~5mm,微扁,生于肉质杯状假种皮中,假种皮成熟时鲜红色。花期3—4月,种子11月成熟。

分布与生境　见于双坑口、万斤窑、白水漈、黄家岙、碑排、楹垟、双坑头、小燕、黄桥、陈吴坑、三插溪、黄连山、溪斗、洋溪等地,散生于海拔400m以上的常绿阔叶林或混交林内。

保护价值　中国特有的白垩纪孑遗树种。心材橘红色,纹理直,结构细,坚实耐用,可供建筑、车辆、家具等用材。树冠高大,形态优美,入秋假种皮鲜红色,格外雅观,是优良的园林绿化树种。植物体含紫杉醇,具有抗癌作用。

保护与濒危等级　国家一级重点保护野生植物。《中国生物多样性红色名录》易危(VU);列入CITES附录Ⅱ。

26 榧树 大圆榧、小果榧

Torreya grandis Fortune ex Lindl.

科 红豆杉科 Taxaceae

属 榧树属 *Torreya*

形态特征 常绿大乔木,高达30m。树皮淡黄灰色或灰褐色,不规则纵裂;小枝近对生或近轮生。叶交叉对生,2列状排列;叶片条形,通常直,坚硬,长1.1~2.5cm,宽1.5~3.5mm,先端突尖成刺状短尖头,基部近圆形,两侧不对称,上面亮绿色,中脉不明显,有2条稍明显的纵槽,下面淡绿色,气孔带浅褐色,与中脉带近等宽,绿色边带明显宽于气孔带。雌雄异株;雄球花单生于叶腋,具短柄;雌球花成对生于叶腋,无梗。种子全部包于肉质假种皮中,多呈椭圆形或卵圆形,长2.3~4.5cm,直径2~2.8cm,熟时假种皮淡紫褐色,有白粉,先端有小突尖头,胚乳微皱。花期4月,种子翌年10月成熟。

分布与生境 见于双坑头、陈吴坑,散生于海拔800m以下的针阔叶混交林中。

保护价值 中国特有的古老树种。木材硬度适中,有弹性,芳香,不翘不裂,耐水湿,是建筑、船舶、家具的优质用材。种子可食,也可供药用,具有杀虫、消积、润燥之功效。假种皮可提取芳香油。树姿优美,是良好的园林绿化树种,并可制作盆景。

保护与濒危等级 国家二级重点保护野生植物。《中国生物多样性红色名录》无危(LC)。

27　长叶榧　　浙榧

Torreya jackii Chun

| 科　红豆杉科 Taxaceae
| 属　榧树属 *Torreya*

形态特征　常绿乔木或灌木状,高3~14m。树皮灰色或深灰色,裂成不规则的薄片脱落,露出淡褐色的内皮。小枝平展或下垂,二年生或三年生枝红褐色,有光泽。叶片条状披针形,长3.5~14cm,宽约4mm,先端渐尖,具刺状尖头,基部楔形,两侧近对称,有短柄,上面有2条浅槽,中脉不明显,下面淡黄绿色,中脉微隆起,气孔带灰白色,绿色边带宽约为气孔带的2倍。带假种皮种子倒卵形至宽倒卵形,长2~3cm,被白粉,先端有小尖头,柄极短;胚乳周围向内深皱。花期3—4月,种子翌年10月中下旬成熟。

分布与生境　见于黄桥,生于山坡阔叶林中。

保护价值　中国特有的古老树种。木材耐水湿,耐腐蚀,可制工艺品、器具等。种子可食,可榨油。树形优美,可作园林观赏树种。

保护与濒危等级　国家二级重点保护野生植物。《中国生物多样性红色名录》易危(VU)。

◆ 第三节　被子植物

28　毛果青冈 赤椆

Cyclobalanopsis pachyloma（Seemen）Schottky

科　壳斗科 Fagaceae
属　青冈属 *Cyclobalanopsis*

形态特征　常绿乔木,高6~15m。幼枝、幼叶被脱落性黄色卷曲星状茸毛。叶片倒卵状椭圆形、倒卵状披针形至长圆形,长7~14cm,宽2~5cm,先端渐尖或尾尖,基部楔形,背面浅灰绿色,叶缘中部以上有疏锯齿,侧脉8~11对;叶柄长1.5~2cm。壳斗(1)2~3个聚生,钟状,包被坚果1/2~2/3,密被黄褐色茸毛,直径1.5~3cm,高2~3cm;苞片合生成7~8条同心环带,环带全缘。坚果长椭球形至倒卵形,直径1.2~1.6cm,幼时密生黄褐色茸毛,老时渐脱落,顶端圆,柱座突起,果脐微突起,直径5~7mm。花期3月,果期10—12月。

分布与生境　见于石鼓背、三插溪、溪斗、洋溪等地,生于海拔300m以下的沟谷阔叶林中。

保护价值　树干通直,生长迅速,可作山地造林树种。木材呈灰红褐色,材质坚硬、耐腐、耐磨损,可作船舶、纺织工具、农具、玩具等用材。

保护与濒危等级　浙江省重点保护野生植物。《中国生物多样性红色名录》无危(LC)。

29　台湾水青冈　巴山水青冈

Fagus hayatae Palib.

科　壳斗科 Fagaceae
属　水青冈属 *Fagus*

形态特征　落叶乔木,高达20m。树皮灰褐色,不裂。叶互生;叶片纸质,菱形或卵状椭圆形,长3~7cm,宽2~3.5cm,先端短渐尖,基部宽楔形,边缘具锯齿,叶两面被脱落性伏贴的长柔毛;侧脉5~10对,直达齿端,脉腋有簇毛;叶柄长0.7~1.3cm。雄花组成下垂的头状花序;雌花常成对生于叶腋具梗的总苞内。壳斗卵形,4瓣裂;苞片锥形,反卷;每一壳斗内有2坚果;坚果卵状三角形。花期4—5月,果熟期8—10月。

分布与生境　见于乌岩岭,生于海拔800m以上的山岗两侧阔叶林中。

保护价值　中国特有种。木材淡红褐色,纹理直,结构细,可供材用。种子可榨油。

保护与濒危等级　国家二级重点保护野生植物。《中国生物多样性红色名录》无危(LC)。

30 大叶榉树 榉树

Zelkova schneideriana Hand.-Mazz.

科 榆科 Ulmaceae

属 榉属 *Zelkova*

形态特征 落叶乔木,高达 30m。树皮呈不规则的片状剥落,一年生枝密被灰色柔毛,冬芽常 2 个并生。叶互生;叶片厚纸质,卵状椭圆形至卵状披针形,长 3.6~12.2cm,宽 1.3~4.7cm,先端渐尖,基部宽楔形或圆形,边缘具桃形锯齿,上面粗糙,下面密被淡灰色柔毛;侧脉 8~14 对,直伸齿尖;叶柄长 1~4cm,密被毛。雄花 1~3 朵簇生于叶腋,雌花或两性花常单生于叶腋。坚果斜卵状球形,直径 2.5~4mm,上面偏斜,凹陷,有网肋。花期 3—4 月,果期 10—11 月。

分布与生境 见于白水漈,生于低山林缘、沟谷边、路边。

保护价值 中国特有种。树体雄伟,树干通直,枝细叶美,是优良的观赏绿化树种。木材纹理细致,强韧坚重,耐水湿,为船舶、桥梁、建筑、高级家具的上等用材。

保护与濒危等级 国家二级重点保护野生植物。《中国生物多样性红色名录》近危(NT)。

31 细辛 华细辛

Asarum sieboldii Miq.

科 马兜铃科 Aristolochiaceae
属 细辛属 *Asarum*

形态特征 多年生草本,高 10~25cm。根状茎短;须根肉质,极辛辣,有麻舌感。叶 1~2 枚;叶片薄纸质,肾状心形,长 7~14cm,宽 6~12cm,先端短渐尖,基部深心形,上面被微毛,下面脉上被微毛;叶柄长 10~20cm,无毛。花单生于叶腋,花梗长 2~3cm;花被筒钟形,直径约 1cm,内侧仅具多数纵褶,花被裂片宽卵形,平展;花柱 6,基部合生,先端2 浅裂。蒴果近球形,直径约 1.5cm。花期 4—5 月。

分布与生境 见于飞来瀑,生于山坡、沟谷林下阴湿处。温州市新记录植物。

保护价值 常用中药材,全草有祛风散寒、止痛的功效,用于治疗风寒头痛、痰饮咳喘、关节疼痛、鼻塞、牙痛。

保护与濒危等级 《中国生物多样性红色名录》易危(VU)。

32 **金荞麦** 野荞麦

Fagopyrum dibotrys（D. Don）H. Hara

科 蓼科 Polygonaceae
属 荞麦属 *Fagopyrum*

形态特征 多年生草本,高50~100cm。块根结节状,坚硬。茎直立中空,分枝,具纵棱。叶互生;叶片三角形,长4~12cm,宽4~10cm,顶端渐尖,基部近戟形,边缘全缘,两面具乳头状突起或被柔毛;托叶鞘筒状。花序伞房状,顶生或腋生;苞片卵状披针形,每一苞内具2~4花,花梗中部具关节;花被5深裂,白色,花被片长椭圆形;雄蕊8,花柱3。瘦果宽卵形,具3锐棱,长6~8mm,黑褐色。花期7—9月,果期8—10月。

分布与生境 见于叶山岭、里光溪,生于山坡荒地、沟旁及旷野路边。

保护价值 块根可供药用,有清热解毒、软坚散结、调经止痛之效,主治跌打损伤、腰肌劳损、咽喉肿痛、流火及痢疾。

保护与濒危等级 国家二级重点保护野生植物。《中国生物多样性红色名录》无危(LC)。

33　孩儿参　太子参

Pseudostellaria heterophylla（Miq.）Pax

科　石竹科 Caryophyllaceae
属　孩儿参属 *Pseudostellaria*

形态特征　多年生草本，15~30cm。块根纺锤形。茎通常单生，直立，近四方形，基部带紫色，上部绿色。茎中下部的叶片对生，狭长披针形；茎顶端常4叶对生，呈十字形排列；叶片卵状披针形至长卵形，长3~6cm，宽1~3cm，先端渐尖，基部宽楔形。花两型，腋生；茎下部的花较小，萼片4，通常无花瓣；茎顶部的花较大，萼片5，花瓣5，白色，倒卵形，基部具极短的瓣柄。蒴果卵球形。种子圆肾形，黑褐色，表面生疣状突起。花期4—5月，果期5—6月。

分布与生境　见于双坑口、飞来瀑、白云尖、白云岙、金刚厂、金针湖，生于林下阴湿处。

保护价值　块根入药，名"太子参"，有补肺阴、健脾胃的功效，治肺虚咳嗽、心悸、精神疲乏等。

保护与濒危等级　浙江省重点保护野生植物。《中国生物多样性红色名录》无危（LC）。

34 莼菜 浮菜

科 睡莲科 Nymphaeaceae

属 莼菜属 Brasenia

Brasenia schreberi J. F. Gmel.

形态特征 多年生水生草本。根状茎匍匐,具沉水叶及匍匐枝;地上茎细长,多分枝,嫩茎、叶及花梗被透明胶质物。浮水叶盾状着生,椭圆形,长 5~10cm,宽 3~6cm,全缘,上面绿色,下面紫红色,两面无毛;叶柄长 25~40cm,着生于叶片中央。花单生于叶腋,暗紫色,直径 1~2cm;花梗长 6~10cm;萼片 3~4,绿褐色或紫褐色,宿存;花瓣 3~4,紫褐色,宿存;雄蕊紫红色。坚果革质,数个聚生,不开裂。种子 1~2,卵形。花期 5—9 月,果期 10 月至翌年 2 月。

分布与生境 见于上燕,生于水田、池塘、湖泊或沼泽中。

保护价值 嫩茎、叶富含胶质、碳水化合物、维生素等,口感滑嫩,是珍贵的蔬菜。全草入药,有清热解毒、利水消肿的功效。可供水体美化。

保护与濒危等级 国家二级重点保护野生植物。《中国生物多样性红色名录》极危(CR)。

35 厚叶铁线莲

Clematis crassifolia Benth.

科 毛茛科 Ranunculaceae

属 铁线莲属 *Clematis*

形态特征 常绿木质藤本。茎紫红色或暗紫色,圆柱形,具纵条纹,无毛。三出复叶,叶柄长 7~12cm,常卷曲;小叶片革质,长椭圆形、椭圆形或卵形,长 5~12cm,宽 2.5~6.5cm,先端锐尖或钝,基部楔形至近圆形,全缘,上面深绿色,下面浅绿色,两面无毛。圆锥状聚伞花序腋生或顶生,多花,长而舒展;花直径 2.5~4cm;萼片 4,平展,白色或略带淡红色,披针形或倒披针形,长 1.2~2cm,外面近无毛,边缘密生短茸毛,内面有较密短柔毛,边缘不向外延展成翅;雄蕊无毛,花药长圆形,顶端钝,长 1~2mm,花丝明显皱缩,比花药长 3~5 倍。瘦果镰刀状狭卵形,具柔毛,长 4~6mm,宿存花柱长约 1.6cm。花期 11 月至翌年 1 月,果期 2—4 月。

分布与生境 见于黄桥,生于海拔 500m 以下的沟谷溪边、山地路旁密林或疏林中。

保护价值 东亚特有植物,间断分布于中国和日本,2009 年在乌岩岭采到浙江新纪录标本。根及根状茎入药,主治风湿骨痛、小儿惊风、咽喉肿痛等。株形美观,冬季开花,可作观赏植物。

保护与濒危等级 《中国生物多样性红色名录》无危(LC)。

36 舟柄铁线莲

Clematis dilatata Pei

科　毛茛科 Ranunculaceae
属　铁线莲属 *Clematis*

形态特征　常绿木质藤本。茎、枝圆柱形,有纵条纹,被短柔毛,后变无毛。一至二回羽状复叶,有 5~13 小叶;小叶片革质,长卵形、卵形、卵圆形或长圆状披针形,长 3~9cm,宽 1.5~3.5cm,先端锐尖或钝,基部圆形或浅心形,全缘,两面无毛,下面粉绿色,干时两面网脉隆起;叶柄基部合生,扩大成舟状;小叶柄不具关节。圆锥状聚伞花序顶生或腋生,比叶短;花序梗、花梗有较密柔毛;苞片小,非叶状;花直径达 5.5cm;萼片 5 或 6(7),平展,白色或微带淡紫色,长 2~3.5cm,宽 0.5~1cm,倒卵状披针形或长椭圆形,两面有短柔毛;雄蕊无毛,花药条形,顶端具短尖头。瘦果两侧扁,狭卵形,长约 5mm,被短柔毛,宿存花柱长达 3.5cm。花期 5—6 月,果期 7—8 月。

分布与生境　见于黄桥,生于海拔 600m 以下的山坡林中或山谷路边林缘。

保护价值　浙江特有种,分布于丽水及婺城、磐安、武义、仙居、永嘉、文成、泰顺,资源稀少。花大美丽,观赏价值高,是铁线莲属育种的优良种质资源。

保护与濒危等级　浙江省重点保护野生植物。《中国生物多样性红色名录》近危(NT)。

37 菝葜叶铁线莲　　紫木通

Clematis loureiriana DC.

科　毛茛科 Ranunculaceae
属　铁线莲属 *Clematis*

形态特征　常绿木质藤本。茎粗壮,圆柱形,无毛,有明显的纵纹。单叶对生;叶片厚革质,宽卵圆形、心形或长圆形,长 8~14cm,宽 5~8cm,先端钝圆或钝尖,基部常浅心形,两面无毛,全缘,稀有浅波状小齿,基出脉 3 或 5 条,上面微突,下面显著隆起,侧脉不明显;叶柄粗壮,长 3.5~6cm,上部圆柱形,基部扁平,常卷曲。圆锥花序腋生兼顶生,连花序梗长 15~26cm,花较稀疏;花梗长 4~5cm,密生锈色茸毛;苞片或小苞片狭倒卵形或线形;花大,直径 3cm;萼片 4 或 5,紫红色、紫黑色或白色带紫色,长圆形或狭倒卵形,长 1.4~1.7cm,宽 5~7mm,内面无毛,外面密生锈色茸毛;雄蕊外轮与萼片近等长,内轮较短,花丝线形,无毛,药隔延长。瘦果狭卵形,长约 6mm,有黄色短柔毛,宿存花柱长 5~8cm,丝状,有展开的长柔毛。花期 5—6 月,果期 11 月。

分布与生境　见于黄桥,生于海拔 300~350m 的溪谷乱石堆中。

保护价值　近年发现于乌岩岭的浙江新记录植物,省内仅见于泰顺和苍南,数量十分稀少。花色艳丽,可供观赏。

保护与濒危等级　《中国生物多样性红色名录》无危(LC)。

38 短萼黄连　黄连、浙黄连

Coptis chinensis Franch. var. *brevisepala* W. T. Wang et P. G. Xiao

科　毛茛科 Ranunculaceae
属　黄连属 *Coptis*

形态特征　多年生草本,高 10~30cm。根状茎黄色,密生多数须根,味极苦。叶基生;叶片坚纸质,卵状三角形,宽约 10cm,3 全裂,中央裂片具 3 或 5 对羽状裂片,边缘具细刺尖的锐锯齿;叶柄长 5~12cm。二歧或多歧聚伞花序,具花 3~8 朵;花小,黄绿色;萼片短,长约 6.5mm,不反卷;花瓣线形或线状披针形,长 5~6.5mm,中央有蜜槽;雄蕊 12~20;心皮 8~12。蓇葖果长 6~8mm。种子 7~8 粒,长椭圆形,长 2mm,褐色。花期 2—3 月,果期 4—6 月。

分布与生境　见于双坑口、飞来瀑、垟岭坑、上芳香、黄桥、小燕、高岱源、榅垟等地,生于海拔 600~1500m 的山坡、林下等阴湿处。

保护价值　中国特有种。名贵中药材,具有清热燥湿、泻火解毒之功效,具有广谱抗生素的作用,常用于治疗湿热内蒸、泄泻痢疾等,且具有抗癌、抗辐射及促进细胞代谢等作用。因过度采挖、自然生境破坏等因素,短萼黄连资源已极为稀少。

保护与濒危等级　国家二级重点保护野生植物。《中国生物多样性红色名录》濒危(EN)。

39　尖叶唐松草　土黄连

Thalictrum acutifolium（Hand.-Mazz.）B. Boivin

科　毛茛科 Ranunculaceae
属　唐松草属 *Thalictrum*

形态特征　多年生草本,高25~65cm。植株全部无毛。根肉质,胡萝卜形,粗达4mm。茎中部以上分枝。基生叶2~3,二回三出复叶,小叶草质,顶生小叶有较长的柄,卵形,长2.5~5cm,宽1~3cm,先端急尖或钝,基部圆形、圆楔形或心形,不分裂或不明显3浅裂,边缘具疏牙齿,下面脉突起;茎生叶较小,有短柄。花序稀疏,花少;花梗长3~8mm;萼片4,白色或带粉红色,长约2mm,早落;心皮6~12,有细柄。瘦果扁,狭长圆形,稍不对称,长3~4mm,宽0.6~1mm,有8条细纵肋,果柄长1~2.5mm。花期4—7月,果期6—8月。

分布与生境　见于双坑口、三插溪,生于山地沟边、路旁、林缘、湿润草丛中或腐殖质丰富的岩石上。

保护价值　中国特有种。根及根状茎入药,具清热、泻火、解毒之功效,常用于治疗腹泻、痢疾、目赤肿痛、湿热黄疸,其含尖叶唐松草阿原碱,可抑制多种肿瘤细胞生长。

保护与濒危等级　《中国生物多样性红色名录》近危（NT）。

40 华东唐松草 马尾黄连

Thalictrum fortunei S. Moore

科 毛茛科 Ranunculaceae

属 唐松草属 *Thalictrum*

形态特征 多年生草本,植株高 20~60cm。全体无毛。茎自下部或中部分枝。叶为二至三回三出复叶,基生叶和下部茎生叶具长柄;小叶片草质,下面粉绿色;顶生小叶片近圆形,直径 1~2cm,先端圆,基部圆形或浅心形,不明显 3 浅裂,边缘具浅圆齿,侧生小叶片斜心形;托叶膜质,半圆形,全裂。单歧聚伞花序,圆锥状,分枝少,具少数花;花梗丝形,长 0.6~1.6cm;萼片 4,白色或淡紫蓝色,长 3~4.5mm;心皮 3~6。瘦果无柄,圆柱状长圆形,长 4~5mm,有 6~8条纵肋,宿存花柱长 1~1.2mm,顶端通常拳卷。花期 3—5 月,果期 5—7 月。

分布与生境 见于双坑口、白云尖、乌岩岭,生于海拔 1500m 以下的山坡、林下阴湿处。

保护价值 华东特有种。全草入药,具解毒、消肿、明目、止泻之功效,主治急性结膜炎、痢疾、黄疸及蛔虫病等。

保护与濒危等级 《中国生物多样性红色名录》近危(NT)。

41 福建小檗

Berberis fujianensis C. M. Hu

科　小檗科 Berberidaceae
属　小檗属 *Berberis*

形态特征　常绿灌木,高达1m。针刺3分叉,长1~2cm。叶片革质,长椭圆形或椭圆状披针形,长2.5~8cm,宽1~2.5cm,先端急尖或渐尖,基部渐狭成短柄,上面绿色,略有光泽,中脉、侧脉及网脉呈淡绿色,清晰,下面淡绿色,中脉明显隆起,侧脉与网脉均不明显,无白粉,每边具8~21枚芒状刺齿,刺齿靠近叶缘,齿间叶缘平直;叶柄长3~5mm。花2~6朵簇生;花梗纤细,长4~7mm;花黄色;萼片6,2轮;花瓣倒卵形,长约3mm,先端圆形,全缘或微缺裂,基部渐狭成爪,具2枚紧靠的腺体;雄蕊长约2mm,药隔先端微突尖;子房具胚珠2或3。浆果椭球形,长6~7mm,直径3~4mm,成熟时呈亮黑色,顶端无宿存花柱。花期5—6月,果期9—11月。

分布与生境　见于白云尖,生于海拔1500m以上的山坡、山脊灌草丛中。

保护价值　2019年发表的浙江省新记录植物,浙闽特有种,分布区狭窄,资源稀少,对于植物地理区系研究具有一定的价值。枝叶密集,终年常绿,花黄色,略有香味,可供园林观赏。

保护与濒危等级　《中国生物多样性红色名录》无危(LC)。

42 六角莲 八角金盘、山荷叶

Dysosma pleiantha (Hance) Woodson

科 小檗科 Berberidaceae
属 鬼臼属 *Dysosma*

形态特征 多年生草本,高 20~60cm。根状茎粗壮,呈圆形结节状,具淡黄色须根;地上茎直立,无毛,顶端生2叶。叶对生;叶片近纸质,盾状,轮廓近圆形,直径 16~33cm,5~9浅裂,上面暗绿色,下面淡黄绿色,两面无毛,边缘具细刺齿;叶柄长 10~28cm。花5~8朵排成伞形花序状,生于两茎生叶叶柄交叉处;花紫红色,下垂;花瓣6,倒卵状长圆形,长 3~4cm。浆果倒卵状长圆形或椭圆形,长约3cm,熟时近黑色。花期4—6月,果期7—9月。

分布与生境 见于双坑口、飞来瀑、黄桥、上芳香、榅垟、碑排等地,生于海拔 400~1400m 的山坡林下湿润处或沟谷草丛中。

保护价值 中国特有种。名贵中药材,根状茎入药,具有清热解毒、化痰散结、祛瘀消肿之效,用于治疗痈肿疔疮、瘰疬、咽喉肿痛、跌打损伤、毒蛇咬伤等,其有效成分鬼臼毒素具抗肿瘤、抗病毒的作用,可制成抗癌新药,对治疗食管癌、子宫癌肉瘤等效果良好。叶形美观,花色艳丽,可用于园林绿化。

保护与濒危等级 国家二级重点保护野生植物。《中国生物多样性红色名录》近危(NT)。

43 八角莲 独角莲

科 小檗科 Berberidaceae
属 鬼臼属 *Dysosma*

Dysosma versipellis（Hance）M. Cheng ex Ying

形态特征 多年生草本,高20~60cm。根状茎粗壮横走,有节;地上茎直立,无毛。茎生叶1片,有时2片,盾状着生;叶片圆形,直径15~40cm,4~9浅裂,裂片宽三角状卵圆形或卵状长圆形,长2.5~10cm,基部宽5~7cm,先端急尖,边缘具针刺状细齿,上面无毛,下面密被毛至无毛;叶柄长5~15cm。花5~8朵或更多,排成伞形花序,着生于近叶基处;花深紫红色,花瓣6,勺状倒卵形,长2~2.6cm。浆果卵形至椭圆形,长约4cm。花期5—7月,果期7—9月。

分布与生境 见于乌岩岭,生于山坡林下、溪旁阴湿处。

保护价值 叶形奇特,花色艳丽,可作花境、阴湿林下地被,也可盆栽供观赏。根状茎供药用,治跌打损伤、半身不遂、关节酸痛、毒蛇咬伤等。

保护与濒危等级 国家二级重点保护野生植物。《中国生物多样性红色名录》易危（VU）。

44　黔岭淫羊藿　淫羊藿

Epimedium leptorrhizum Stearn

科　小檗科 Berberidaceae
属　淫羊藿属 *Epimedium*

形态特征　多年生草本,高达30cm。匍匐根状茎细长,具节。一回三出复叶基生或茎生;小叶3枚,革质,狭卵形或卵形,长3~10cm,宽2~5cm,先端长渐尖,基部深心形;顶生小叶基部裂片近等大,相互近靠;侧生小叶基部裂片不等大,极偏斜,上面无毛,背面沿主脉被棕色柔毛,常被白粉,具乳突,边缘具刺齿。总状花序具4~8朵花,长13~20cm,被腺毛;花大,淡红色,直径约4cm,花瓣长达2cm,呈角距状,基部无瓣片。蒴果长圆形,长约15mm,宿存花柱喙状。花期4月,果期4—6月。

分布与生境　见于双坑口、飞来瀑,生于林下阴湿处或灌丛中。

保护价值　中国特有种。全草入药,干燥的根状茎中药名"仙灵脾",干燥的地上部分中药名"淫羊藿",具有补肾壮阳、祛风除湿的功效。由于大量采挖,野生资源已趋枯竭。

保护与濒危等级　浙江省重点保护野生植物。《中国生物多样性红色名录》近危(NT)。

45　鹅掌楸　马褂木

Liriodendron chinense（Hemsl.）Sarg.

科　木兰科 Magnoliaceae

属　鹅掌楸属 *Liriodendron*

形态特征　大乔木,高达40m,全体无毛。树干通直,树皮灰白色,浅裂。叶互生;叶片形似马褂,长6~15cm,基部具1对侧裂片,先端平截或微凹,下面苍白色,具乳头状白粉点;叶柄长4~14cm。花单生于枝顶,杯状,花被片9,外轮3片绿色,萼片状,内轮6片黄绿色,具黄色纵条纹;花药长10~16mm,花丝长5~6mm,花期时雌蕊群超出花被之上,心皮黄绿色。聚合果长7~9cm。花期5月,果期9月。

分布与生境　见于乌岩岭、双坑口、芳香坪、上芳香,生于海拔500~1200m的常绿阔叶林中。

保护价值　古老的孑遗植物,新生代第三纪鹅掌楸属尚有10余种,第四纪冰期时大部分种类灭绝,现仅残存鹅掌楸和北美鹅掌楸两种,成为东亚—北美间断分布的典型实例,对研究古植物学和植物系统发育有重要的科研价值。树体高大,叶形奇特,花大且色彩淡雅,是一种优良的绿化观赏树种。木材纹理直,结构细,易加工,少变形,少开裂,是建筑、船舶、家具、细木工的优良用材。叶和树皮入药,有祛风除湿、散寒镇咳的功效;心材提取物具有抗菌作用。

保护与濒危等级　国家二级重点保护野生植物。《中国生物多样性红色名录》无危(LC)。

46　凹叶厚朴　　厚朴

Magnolia officinalis Rehder et E. H. Wilson subsp. *biloba*（Rehder et E. H. Wilson）Y. W. Law

科　木兰科 Magnoliaceae
属　木兰属 *Magnolia*

形态特征　落叶乔木,高达20m。树皮灰色,不裂,有突起圆形皮孔。叶大,近革质,常7~12片聚生于枝梢;叶片长圆状倒卵形,长20~30cm,先端凹缺成2钝圆的浅裂片,基部楔形,全缘或微波状,上面绿色,无毛,下面灰绿色,有白粉。花大,与叶同时开放,白色,直径10~15cm,芳香;花被片9~12,厚肉质,外轮花被片淡绿色,内两轮花被片白色。聚合果长圆状卵形,长9~15cm,基部较窄。种子三角状倒卵形,外种皮红色,长约1cm。花期4—5月,果期9—10月。

分布与生境　见于双坑口、芳香坪、榅垟、罗溪源、上芳香等地,生于海拔1200m以下的山坡林中。

保护价值　中国特有种。树皮、根皮、花、种子及芽皆可入药,树皮"厚朴"为著名中药材,具化湿导滞、行气平喘、化食消痰、祛风止痛之功效;种子有明目益气之功效。木材纹理直、轻软,结构细,供建筑、板料、家具、雕刻、乐器、细木工等用。叶大荫浓,花大美丽,可作绿化观赏树种。

保护与濒危等级　国家二级重点保护野生植物。《中国生物多样性红色名录》未予评估（NE）。

47 野含笑 山含笑

Michelia skinneriana Dunn

科　木兰科 Magnoliaceae
属　含笑属 *Michelia*

形态特征 常绿乔木,高5~15m。树皮灰白色且平滑,芽、幼枝、叶柄、叶下面中脉、花梗均密被褐色长柔毛。叶片革质,窄倒卵状椭圆形、倒披针形或窄椭圆形,长5~12cm,宽1.5~4cm,先端尾状渐尖,基部楔形,侧脉10~13对;叶柄长2~4mm,托叶痕达叶柄顶端。花单生于叶腋,淡黄色,芳香;花被片6片,倒卵形,长1.6~2cm,外轮3片,基部被褐色毛。聚合果长4~7cm,常因部分心皮不发育而弯曲,具细长的梗;蓇葖果近球形,熟时黑色,长1~1.5cm,具短尖的喙。花期5—6月,果期8—9月。

分布与生境 见于双坑口、龙井、榅垟、竹里、里光溪、叶山岭、左溪、黄连山、寿泰溪,生于海拔800m以下的山谷山坡阔叶林中。

保护价值 中国特有种。花淡黄色,有清香,可作庭院绿化树种。

保护与濒危等级 浙江省重点保护野生植物。《中国生物多样性红色名录》无危(LC)。

48　乐东拟单性木兰

Parakmeria lotungensis（Chun et C. H. Tsoong）Y. W. Law

科　木兰科 Magnoliaceae
属　拟单性木兰属 *Parakmeria*

形态特征　常绿乔木,高达15m。树皮灰白色。叶互生;叶片革质,椭圆形,长6~11cm,宽2.5~3.5cm,先端钝尖,基部楔形或狭楔形,边缘略下卷,中脉在两面突起,下面侧脉稍突起;叶柄长1.5~2cm;无托叶痕。花白色;花被片9~14,外轮3~4枚质较薄,开放时微反曲外弯,内轮肉质、稍厚,内向弯曲;雄蕊多数,花药背部紫红色;两性花的心皮数变化悬殊,有的仅有极少数心皮,着生于雌蕊群柄的顶端。聚合果长圆形,长3~6cm。种子椭圆形或椭圆状卵形,外种皮红色。花期5月,果期10—11月。

分布与生境　见于乌岩岭,生于海拔500~800m的常绿阔叶林中。

保护价值　拟单性木兰属是我国特有的寡种属,本种的花杂性,心皮有时退化为数枚至一枚,为木兰科中少见的类群,对研究木兰科植物系统发育有学术价值。树干通直,材质优良,树姿美丽,花大色美,为珍贵的用材树种和城乡绿化树种。用作园林绿化树种。

保护与濒危等级　浙江省重点保护野生植物。《中国生物多样性红色名录》易危(VU)。

49 野黄桂

Cinnamomum jensenianum Hand.-Mazz.

科　樟科 Lauraceae
属　樟属 *Cinnamomum*

形态特征　灌木状，高1~4m。常有根蘖现象。芽纺锤形，外面被短绢毛。小枝常具四棱，绿色，无毛。叶对生或近对生，排成2列；叶片薄革质，披针形或长圆状披针形，长5~15cm，宽1.5~3cm，先端渐尖或尾状渐尖，基部楔形至宽楔形，上面绿色，光亮，无毛，下面幼时被微柔毛，老时近无毛，被蜡粉，离基三出脉在两面均突起，脉腋无泡状隆起及腺窝。花序伞房状，无毛，具(1)2~5花，花序梗纤细，长1.5~2.5cm；花小，淡黄色；花被裂片倒卵圆形，外面无毛，内面密被绢毛，花被筒极短。果卵球形，长1~1.2cm，直径约6mm，无毛；果托倒卵形，高约6mm，具齿裂，齿端平截。花期6—7月，果期8—9月。

分布与生境　见于黄桥，生于海拔700~1500m的山坡、山脊常绿阔叶林下或毛竹林中。

保护价值　中国特有种。树皮甘而辣，具芳香，可作为酒的香料；树皮可药用，具有温中散寒、理气止痛的功效。本种的繁殖方式特别，常采用在横向侧根上萌生不定芽以增殖个体的营养繁殖方式，具有科学研究价值。

保护与濒危等级　《中国生物多样性红色名录》无危（LC）。

50 沉水樟 牛樟

科 樟科 Lauraceae
属 樟属 *Cinnamomum*

Cinnamomum micranthum（Hayata）Hayata

形态特征 常绿乔木,高达25m。树皮不规则纵裂。小枝无毛,疏生圆形皮孔。叶互生;叶片片长椭圆形至卵状椭圆形,长7.5~10cm,宽4~6cm,先端短渐尖,基部宽楔形至近圆形,两侧稍不对称,上面深绿色,稍具光泽,无毛,脉腋在上面隆起,在下面具小腺窝,窝穴中有微柔毛,网脉在两面结成蜂窝状小穴;叶柄长2~3cm,无毛。圆锥花序顶生,间有腋生;花少数,黄绿色。果椭圆形至扁球形,长1.5~2.3cm,无毛,具斑点,有光泽;果托壶形,自基部向上急剧增大成喇叭状。花期7—8月,果期10月。

分布与生境 见于叶山岭、恩坑、五岱,生于海拔700m以下沟谷山坡的常绿阔叶林中。

保护价值 中国特有种。间断分布于我国华东、华中、华南地区,对探索植物地理区系有一定的科学意义。植株可提取芳香油,主含黄樟油素,是工业上的重要原料。

保护与濒危等级 浙江省重点保护野生植物。《中国生物多样性红色名录》易危(VU)。

51 浙江润楠 长序润楠

Machilus chekiangensis S. K. Lee

科 樟科 Lauraceae
属 润楠属 *Machilus*

形态特征 常绿乔木,高达 15m。小枝无毛,基部具密集而显著的芽鳞痕。叶革质,常集生于枝顶;叶片倒披针形、椭圆形、椭圆状披针形,长 6.5~13cm,宽 2~3.5cm,先端尾尖,常略弯曲,基部渐狭成楔形,下面疏被短伏毛;叶柄长 0.8~1.5cm。圆锥花序生于当年生枝条基部,常被灰白色柔毛;花序梗长 4~11cm;花黄绿色;宿存花被裂片两面有灰白色柔毛。果球形,直径 6~7mm,宿存花被裂片向外反卷,两面被灰白色绢毛。花期 2 月,果期 5—6 月。

分布与生境 见于里光溪、岭北、黄连山、溪斗,生于海拔 600m 以下的阔叶林中。

保护价值 中国特有种。山地造林树种,具有良好的水源涵养功能。枝、叶含芳香油,入药,有化痰、止咳、消肿、止痛、止血之效,治疗支气管炎、烧伤、烫伤及外伤止血等。树干通直,是珍贵的家具木材树种。

保护与濒危等级 《中国生物多样性红色名录》近危(NT)。

52 闽楠 楠木

Phoebe bournei (Hemsl.) Yen C. Yang

科 樟科 Lauraceae
属 楠属 *Phoebe*

形态特征 常绿大乔木,高达20m。叶革质,披针形至倒披针形,长7~15cm,宽2~4cm,先端渐尖至长渐尖,基部渐窄或楔形,上面深绿色,有光泽,下面稍淡,被短柔毛,脉上被长柔毛,中脉在上面凹下,在下面隆起,侧脉10~14对,网脉致密,在下面结成网状;叶柄长5~12mm。花序于新枝中下部腋生,被毛,长3~10cm,分枝紧密;花被裂片两面被短柔毛。果椭圆形或长圆形,长1.1~1.6cm,直径6~7mm,熟时蓝黑色,微被白粉;宿存花被裂片紧包果实基部,两面被毛。花期4月,果期10—11月。

分布与生境 见于里光溪、叶山岭、竹里、黄连山、溪斗、寿泰溪等地,生于海拔1000m以下的常绿阔叶林中。

保护价值 中国特有种。树干高大通直,木材芳香耐久,纹理结构美观,为上等建筑、高级家具、雕刻工艺品、船舶等良材。树干端直,树冠浓密,可用于园林绿化。

保护与濒危等级 国家二级重点保护野生植物。《中国生物多样性红色名录》易危(VU)。

53　浙江楠

Phoebe chekiangensis C. B. Shang

科　樟科 Lauraceae

属　楠属 *Phoebe*

形态特征　常绿乔木,高达40m。树皮淡褐黄色,不规则纵裂;小枝有棱,密被柔毛。叶片革质,倒卵状椭圆形至倒卵状披针形,长7~13cm,宽3.5~5cm,先端突渐尖或长渐尖,基部楔形或近圆形,上面幼时有短柔毛,下面被短柔毛,脉上被长柔毛,侧脉8~10对,网脉下面明显;叶柄长1~1.5cm,密被黄褐色茸毛或柔毛。圆锥花序腋生,长5~10cm;花序梗和花梗密被黄褐色茸毛;花小,黄绿色;花被片卵形,两面被毛。果椭圆状卵形,长1.2~1.5cm,熟时蓝黑色,外被白粉。花期4—5月,果期9—10月。

分布与生境　见于岩坑、石鼓背、黄桥、三插溪、洋溪,生于低山丘陵常绿阔叶林中。

保护价值　中国特有种。树干通直,材质坚硬,是建筑、家具等的优质用材。树身高大,枝条粗壮,叶四季青翠,适于庭院、公园供观赏。

保护与濒危等级　国家二级重点保护野生植物。《中国生物多样性红色名录》易危(VU)。

54　武功山泡果荠　武功山岩荠、武功山阴山荠　　科　十字花科 Cruciferae

Hilliella hui O. E. Schulz　　　　　　　　　　　　　　属　泡果荠属 *Hilliella*

形态特征　一年生细小柔弱草本,全株无毛。茎直立或匍匐弯曲,具分枝。基生叶为具 1~2 对小叶的复叶,或为具 1 侧生小叶的单叶;叶片膜质;顶生小叶片卵形或近心形,侧生小叶片较小,歪卵形;中部茎生叶为三出复叶;最上部叶为单叶,叶片歪卵形,具极短叶柄;所有小叶片均先端微缺,边缘具波状弯曲钝齿。总状花序顶生,具花 6~10 朵;花瓣淡紫红色,倒卵状楔形。短角果椭圆形,密被小泡状突起。花果期 4—5 月。

分布与生境　见于竹里,生于山谷林下阴湿处。

保护价值　华东特有种,分布区狭窄,数量极少。

保护与濒危等级　《中国生物多样性红色名录》易危(VU)。

55 伯乐树 钟萼木

Bretschneidera sinensis Hemsl.

科	伯乐树科 Bretschneideraceae
属	伯乐树属 *Bretschneidera*

形态特征 落叶乔木,高10~20m。小枝稍粗壮,具淡褐色皮孔,叶痕大,半圆形;芽大,宽卵形,芽鳞红褐色。奇数羽状复叶互生,有小叶3~15枚;小叶对生,狭椭圆形、长圆形至长圆状披针形,长9~20cm,宽3.5~8cm,先端渐尖,基部楔形至宽楔形,偏斜,全缘。总状花序顶生,长约20cm;花序梗和花梗密被棕色短柔毛;花萼钟形,长1.2~1.7cm,外面密被棕色短柔毛;花瓣粉红色,5枚,长约2cm,着生于萼筒上部。蒴果椭圆球形或近球形,木质,红褐色,被极短密毛,成熟时3瓣开裂。花期4—5月,果期9—10月。

分布与生境 见于双坑口、白云尖、金刚厂、上芳香、叶山岭、高岱源、罗溪源、双坑头、上燕等地,生于海拔500~1500m的阔叶林中。

保护价值 中国特有种。伯乐树起源古老,系统位置特殊,对研究被子植物的系统发育和古地理、古气候等有重要科学价值。其主干通直,材质优良,木材硬度适中,纹理美观,是优良的工艺和家具用材;粉红色花序极为艳丽,是一种优良的观赏树种。

保护与濒危等级 国家二级重点保护野生植物。《中国生物多样性红色名录》近危(NT)。

56 天目山景天

Sedum tianmushanense Y. C. Ho et F. Chai

科 景天科 Crassulaceae
属 景天属 *Sedum*

形态特征 多年生矮小草本，高 4~9cm。根状茎斜生。茎基部多分枝，上部近直立。叶互生；下部叶匙形或卵状匙形，长 3~5mm，宽 2~4mm，先端钝，基部具短距；上部叶线状披针形，长 5~8mm，宽 1~2mm，先端钝，基部具短距。聚伞花序顶生，3~4 分枝，花无梗；苞片叶状；萼片 5，披针形，长 2~5mm，宽约 1.5mm，先端钝，基部具短距；花瓣 5，黄色，披针形，长 4~5mm，宽约 1.5mm，先端渐尖；雄蕊 10，比花瓣短；蜜腺鳞片 5，近方形，微小；心皮 5，长 3~4mm，近基部合生。蓇葖果具多数种子。种子细小，褐色，多数，表面具乳头状突起。花果期 4—6 月。

分布与生境 见于双坑口，生于山坡林下潮湿处或沟边岩石上。

保护价值 浙江特有种，分布区狭窄，温州市仅见于乌岩岭，在植物地理区系上具有科研价值。株形小巧，基部叶近莲座状，观赏价值高，可作山石盆景的点缀材料。

保护与濒危等级 《中国生物多样性红色名录》无危（LC）。

57 草绣球 人心药

Cardiandra moellendorffii（Hance）Migo

科 虎耳草科Saxifragaceae
属 草绣球属*Cardiandra*

形态特征 亚灌木,高0.4~1m。地下茎横卧。茎单生,幼时被短毛。叶互生;叶片纸质,椭圆形、倒长卵形,形状变化较大,长6~13cm,宽3~6cm,先端急尖或渐尖,基部沿叶柄两侧下延成楔形,边缘锯齿粗大,上面被短糙伏毛,下面疏生柔毛或仅脉上有疏毛。伞房状聚伞花序顶生;苞片和小苞片线形或狭披针形,宿存;放射花萼片膜质,白色,宽卵形或近圆形,近相等或1枚稍大,有网脉;孕性花萼筒半球形,萼片三角形,细小;花瓣白色至带淡紫色;雄蕊15~25;子房具不完全3室,胚珠多数。蒴果卵球形,长约3mm,顶端孔裂。花期7—8月,果期9—10月。

分布与生境 见于上芳香、库竹井、垟岭坑,生于山坡林下及溪谷阴湿处。

保护价值 华东特有种,仅分布于安徽、浙江、江西、福建,分布区狭窄,资源稀少。花球大而美丽,耐阴性较强,是极好的观赏植物;根状茎入药,具有祛瘀消肿的功效,主治跌打损伤。

保护与濒危等级 《中国生物多样性红色名录》无危(LC)。

58 肾萼金腰 青猫儿眼睛草

Chrysosplenium delavayi Franch.

科 虎耳草科 Saxifragaceae
属 金腰属 *Chrysosplenium*

形态特征 多年生草本,高 5~15cm。不育枝出自茎下部叶腋,其上叶对生,扁圆形,边缘具圆齿,齿端具褐色乳突;茎生叶对生,叶片阔卵形至扇形,长 2~15mm,宽 3~16mm,先端钝,边缘具不明显圆齿,上面无毛,下面疏生褐色乳突。单花或聚伞花序具 2~5 花;苞片阔卵形,上面无毛,下面疏生褐色乳突;花梗无毛;花黄绿色;花期萼片展开,扁圆形,先端微凹,凹处具乳突;雄蕊 8;子房近下位;花盘 8 裂,周围疏生褐色乳突。蒴果先端近平截而微凹,2 果瓣近等大且水平叉开。种子黑褐色,卵球形,具 13~15 纵肋,肋上具横纹。花果期 3—6 月。

分布与生境 见于左溪、里光溪,生于沟谷、溪边潮湿石壁上。

保护价值 本种主要分布于浙江、台湾、湖北、湖南、广西、四川、贵州、云南,缅甸北部也有,分布区较狭窄,数量稀少,具有一定的科研价值。全草入药,具有清热解毒、生肌的功效,主治小儿惊风、烫伤、痈疮肿毒等。

保护与濒危等级 《中国生物多样性红色名录》无危(LC)。

59　日本金腰　珠芽金腰子

Chrysosplenium japonicum（Maxim.）Makino

科　虎耳草科 Saxifragaceae

属　金腰属 *Chrysosplenium*

形态特征　多年生草本,高达20cm。茎被稀疏柔毛,基部具珠芽。基生叶肾形,长5~16mm,宽9~25mm,边缘具浅齿,基部心形,上面散生柔毛,下面近无毛,叶柄长3~7cm;茎生叶与基生叶同形,但通常较小,互生,边缘有浅齿,叶柄长约2cm。聚伞花序顶生,花序分枝疏生柔毛;苞叶宽卵形,具浅齿;萼片4,绿色,基部带黄色,宽卵形,花时直立;雄蕊4;子房近下位。蒴果顶端平截或凹陷,2果瓣等大。种子红褐色,卵形,被乳头状突起。花果期3—4月。

分布与生境　见于叶山岭,生于林下阴湿处。

保护价值　东亚特有种,间断分布于中国、日本及朝鲜半岛,在研究植物地理区系上具有科学价值。全草入药,具有清热解毒、祛风解表的功效,主治疔疮等。

保护与濒危等级　《中国生物多样性红色名录》无危(LC)。

60 蛛网萼 盾儿花、梅花甜茶

Platycrater arguta Sieb. et Zucc.

科 虎耳草科 Saxifragaceae
属 蛛网萼属 *Platycrater*

形态特征 落叶灌木,高达 1.5m。茎直立或下部平卧;树皮薄片状脱落。叶片膜质至纸质,长圆形、狭椭圆形至椭圆状披针形,先端尾状渐尖,基部楔形,边缘具疏锯齿,上面散生短伏毛,下面沿脉常有疏毛;叶柄长 1~5cm,近无毛。伞房花序 6~10 花;放射花少数,萼片膜质,半透明,绿黄色,盾状,直径 1.5~3cm,3~4 钝圆形浅裂,具小突尖,有密集网状突脉;孕性花萼片三角形,先端渐尖;子房近陀螺形。蒴果倒卵形,干时常带紫红色,顶端孔裂。花果期 4—11 月。

分布与生境 见于上芳香,生于林下、溪沟边岩石上等阴湿处。

保护价值 东亚特有单种属植物,间断分布于中国与日本,对研究植物地理区系有科学价值。花形奇特,洁白美丽,花有可育花和不育花二型,其中不育花半透明,呈三角形或近圆形,有密集脉纹形似蜘蛛网,可用于园林涧边阴湿地美化。

保护与濒危等级 国家二级重点保护野生植物。《中国生物多样性红色名录》无危(LC)。

61 蕈树

Altingia chinensis（Champ. ex Benth.）
Oliv. ex Hance

科　金缕梅科 Hamamelidaceae
属　蕈树属 *Altingia*

形态特征　常绿乔木,高达20m。树皮灰色,片状剥落。芽卵形,有多数暗褐色鳞片,边缘有白色柔毛。叶片革质,倒卵状长圆形,长7~13cm,宽2~4cm,先端短急尖,基部楔形,边缘有钝锯齿,上面暗绿色,下面淡绿色,两面无毛,侧脉7~8对,细脉在上面明显,在下面稍隆起。雄花短穗状花序,再组成圆锥状,雄蕊多数,花丝极短;雌花15~26,排成头状花序,单生或再组成圆锥花序,苞片4~5,萼筒与子房合生,萼齿乳突状,子房藏在花序轴内,花柱2,先端外弯,有柔毛。头状果序近球形。种子多数,褐色,多角形,有光泽,表面有细点状突起。

分布与生境　见于叶山岭、竹里、陈吴坑、石鼓背,生于山坡、沟谷阔叶林中。

保护价值　我国南部亚热带常绿阔叶林建群树种之一。木材含挥发油,可提取蕈香油,供药用及香料用。木材供建筑及制家具用。常被砍倒作放养香菇的母树。

保护与濒危等级　浙江省重点保护野生植物。《中国生物多样性红色名录》无危(LC)。

62 腺蜡瓣花

Corylopsis glandulifera Hemsl.

科　金缕梅科 Hamamelidaceae
属　蜡瓣花属 *Corylopsis*

形态特征　落叶灌木,高 2~5m。叶互生;叶片倒卵形,长 5~9cm,宽 3~6cm,先端急尖,基部斜心形或近圆形,边缘上半部有锯齿,齿尖刺毛状,上面绿色,无毛,下面淡绿色,被星状柔毛或至少脉上有毛,侧脉 6~8 对。总状花序生于侧枝顶端,长 3~5cm,花序轴及花序梗均无毛;总苞状鳞片近圆形,外面无毛,内面贴生丝状毛;萼筒钟状,无毛;花瓣匙形,长 5~6cm。蒴果近球形,长 6~8mm,无毛。种子亮黑色,长 4mm。花期 4 月,果期 5—8 月。

分布与生境　见于双坑口、垟岭坑、白云尖、金针湖,生于山坡林中、路旁、溪沟边。

保护价值　中国特有种。本种花下垂,色黄而具芳香,枝叶繁茂,清丽宜人,秋叶蜡黄,具有较高的观赏价值,适于庭院观赏,亦可盆栽,花枝可作瓶插材料。根皮及叶可入药。

保护与濒危等级　《中国生物多样性红色名录》近危(NT)。

63 闽粤蚊母树

Distylium chungii（F. P. Metcalf）W. C. Cheng

科　金缕梅科 Hamamelidaceae
属　蚊母树属 *Distylium*

形态特征　常绿小乔木,高达8m。树皮灰褐色。嫩枝被褐色星状茸毛,老时秃净,皮孔明显。芽卵球形,裸露,被星状茸毛。叶片革质,长圆形或长圆状倒卵形,长5~9cm,宽2.5~4cm,先端锐尖或略钝,基部宽楔形,全缘或靠近先端有1~2小齿突,上面暗绿色,下面淡绿色,侧脉5~6对,在上面凹陷,在下面隆起;叶柄长7~10mm,被褐色星状茸毛。总状果序生于叶腋,长2~3cm,果序轴有褐色星状茸毛。蒴果卵球形,长约1.5cm,外面密被褐色星状茸毛,成熟时2瓣裂,每瓣再2浅裂;果梗极短。种子亮褐色,卵球形,长6~7mm。

分布与生境　见于洋溪,生于溪谷灌丛中。

保护价值　木材坚硬,可作家具、车辆等用材。枝叶密集,树形整齐,叶色浓绿,可作城市及工矿区绿化、观赏树种。

保护与濒危等级　《中国生物多样性红色名录》易危(VU)。

64 长尾半枫荷 尖叶半枫荷

Semiliquidambar caudata H. T. Chang

科 金缕梅科 Hamamelidaceae
属 半枫荷属 *Semiliquidambar*

形态特征 常绿或半常绿乔木，高达20m。叶集生于枝顶，一型，不分裂，卵形或卵状椭圆形，长4~10cm，宽2~4.5cm，先端尾状渐尖，尾长1.5~2cm，基部圆形或宽楔形，边缘有疏锯齿，离基三出脉，或不明显；叶柄长1.5~4.5cm，纤细，无毛，上部有沟，基部略膨大。雄花序未见，雌花序生于叶腋。头状果序扁半球形，直径1.4~2.5cm（不计花柱长），果序柄长2.5~3.5cm，被柔毛；蒴果稍突出，花柱长3~5mm。花期3—4月，果期9—11月。

分布与生境 见于叶山岭、上芳香，生于海拔600~1000m的山坡林中。

保护价值 华东特有种，仅分布于福建和浙江局部山区。半枫荷属是金缕梅科的寡种属，具有枫香属和蕈树属属间的综合性状，对研究金缕梅科系统发育有学术价值。本种材质优良，树干笔直，是优良的材用树种。

保护与濒危等级 《中国生物多样性红色名录》未予评估（NE）。

65 杜仲
Eucommia ulmoides Oliv.

科 杜仲科 Eucommiaceae
属 杜仲属 *Eucommia*

形态特征 落叶乔木,高4~10m。树皮纵裂,灰褐色,粗糙,内含橡胶。嫩枝有黄褐色毛,不久变秃净,老枝有明显的皮孔。单叶互生,无托叶。叶椭圆形、卵形,折断时有银白色胶丝。花单生于当年生枝基部;雄花密集成头状花序,无花被;花梗极短,无毛;苞片边缘有睫毛,早落;雄蕊长约1cm,无毛,花丝短,药隔突出,花粉囊细长。雌花具短梗,子房无毛,1室,扁而长,先端2裂,子房柄极短。翅果扁平,长椭圆形,先端2裂,基部楔形,周围具薄翅。种子扁平,线形,两端圆形。早春开花,秋后果实成熟。

分布与生境 见于小燕、新增、罗溪源等地,生于低山、谷地或低坡疏林。

保护价值 中国特有的孑遗植物。名贵中药材,树皮入药,具有降血压、补中益气、强筋骨的功效。新叶可制茶。优良的园林绿荫树及行道树。

保护与濒危等级 浙江省重点保护野生植物。《中国生物多样性红色名录》易危(VU)。

66　景宁晚樱

Cerasus paludosa R. L. Liu, W. J. Chen et Z. H. Chen

科　蔷薇科 Rosaceae
属　樱属 *Cerasus*

形态特征　落叶灌木或小乔木,高 2~6m。树皮紫褐色,具环状皮孔。嫩枝红褐色,密被灰色展开柔毛,后渐脱落,老枝灰褐色或紫褐色,散生皮孔。叶片厚纸质,倒卵状椭圆形,长 7~10cm,宽 3~3.5cm,先端骤然收缩成尾尖状,稀为长渐尖,基部近圆形,稀宽楔形或微心形,边缘具细密重锯齿,齿端尖锐,嫩叶两面密被展开柔毛,老叶仅下面沿脉网被柔毛,侧脉 8~12 对,上面脉网明显下凹,下面显著隆起;叶柄长约 1cm,密被展开柔毛,近顶端有 2 枚腺体;托叶条状披针形,边缘有流苏状头状腺齿,早落。花先叶开放或同放,伞房花序通常有花 2 朵;花序梗、被丝托及萼片密被展开柔毛;总苞片绿褐色,长圆形,边缘疏具小腺体;花序梗短,长达 2mm;苞片楔形至扇形,被柔毛,先端不整齐条裂,裂片先端具头状腺体;花梗长约 1cm;被丝托筒状钟形,花萼裂片狭三角形或三角状披针形,花后平展;花瓣淡红色,宽卵形或卵圆形,长 4~7mm,顶端 2 浅裂;雄蕊 25~30 枚;子房卵球形,连同花柱基部被疏长柔毛。核果椭圆球形,成熟时紫黑色。花果期 3—5 月。

分布与生境　见于上芳香、白云尖,生于海拔 1000m 以上的疏林中。

保护价值　本种于 2017 年正式发表,模式产地景宁,为浙江特有物种,仅分布于浙江南部高海拔山区。本种早春花繁、色美,是一种优良的观花树种。果味酸甜,可鲜食。

保护与濒危等级　《中国生物多样性红色名录》未予评估(NE)。

67 黑果石楠　楼木石楠

科　蔷薇科 Rosaceae
属　石楠属 *Photinia*

Photinia atropurpurea P. L. Chiu ex Z. H. Chen et X. F. Jin

形态特征　常绿乔木,树干通直,高达25m。树皮红褐色或红棕色,不规则薄片状剥裂,树干或大枝常具棘刺,棘刺粗壮,长达10cm;一年生枝绿色或紫红色,初时被黄褐色茸毛;二年生枝紫褐色,具皮孔。叶片革质,倒卵状披针形或倒披针形,长7~12.5cm,宽3~4cm,先端急尖或圆钝,稀微凹,基部楔形,边缘具低平细锯齿,上面绿色、光亮,下面淡绿色,两面无毛,侧脉8~14对,近叶缘处网结。复伞房花序顶生,直径6~14cm,花多数;花直径1.2~1.5cm,被丝托杯状,外面无毛;萼片阔三角形,长约1mm,先端急尖,仅最顶端微被茸毛;花瓣白色,卵形或卵圆形,长5~6mm,内面基部具柔毛,具短爪;雄蕊20;子房3室,顶端具茸毛,花柱3,下部合生。果实倒卵球形,直径6~8mm,成熟时黑色,光亮,无毛,先端具宿存花柱。花期4—5月,果期11—12月。

分布与生境　见于黄桥、左溪、洋溪,生于山坡林中。

保护价值　2021年正式发表的新种,模式产地泰顺左溪,为浙江特有种。树干通直挺拔,叶色浓绿光亮,嫩时呈红色或红黄色,花序洁白,是优良的绿化树种。木材暗红色,材质坚硬,密度高,可作农具或代替红木。果实成熟后可鲜食。

保护与濒危等级　《中国生物多样性红色名录》未予评估(NE)。

68 泰顺石楠

Photinia taishunensis G. H. Xia,L. H. Lou et S. H. Jin

科 蔷薇科 Rosaceae
属 石楠属 *Photinia*

形态特征 常绿藤本状灌木。小枝细弱,幼时紫褐色或黑褐色,疏生柔毛。叶片革质,倒卵状披针形,长3~5cm,宽0.6~2cm,先端急尖、圆钝或微凹,常具小尖头,基部楔形,边缘微向外反卷并有起伏,具尖锐内弯细锯齿,两面无毛,仅幼时中脉稍有柔毛,中脉在上面下陷,在下面隆起,侧脉8~10对;叶柄长3~10mm,幼时有柔毛,后脱落。伞房花序或复伞房花序顶生;花直径约8mm;花瓣白色带黄绿色,倒卵形,长约2mm,无毛;雄蕊20,短于花瓣;花柱2,稀3,离生。果实红色,近球形至卵球形,直径约3mm,无毛。花期4月,果期10—11月。

分布与生境 见于洋溪,生于海拔300m以下的溪边岩壁缝隙中。

保护价值 2012年正式发表的新种,模式产地泰顺洋溪,目前仅见于泰顺,为浙江特有种。常绿色叶植物,可观叶、观花、观果,是一种优良的园林观赏植物。

保护与濒危等级 《中国生物多样性红色名录》未予评估(NE)。

69　武夷悬钩子　　无毛光果悬钩子

Rubus jiangxiensis Z. X. Yü, W. T. Ji et H. Zheng

科　蔷薇科 Rosaceae
属　悬钩子属 *Rubus*

形态特征　落叶灌木,高达3m。枝细,皮刺基部扁平。单叶互生;叶片卵形,长4~7cm,宽2.5~4cm,先端尾状渐尖,基部微心形,边缘3浅裂或缺刻状浅裂,有缺刻状锯齿,并有腺毛,两面被柔毛,沿叶脉毛较密或有腺毛,老时毛较疏;叶柄长1~1.5cm,具柔毛、腺毛和小皮刺;托叶线形,有柔毛和腺毛。花单生于枝顶或叶腋;花梗长5~20mm,无毛;花白色,直径约1.5cm;花萼外面被柔毛和腺毛,萼片披针形,先端尾尖;花瓣长圆形,先端圆钝;子房无毛。果红色,卵球形,直径1.5~2cm。花期3—4月,果期5—6月。

分布与生境　见于双坑口、上芳香、陈吴坑,生于海拔1200m以下的山坡、山脚、沟边及阔叶林下。

保护价值　华东特有种。果味酸甜,含糖、苹果酸、柠檬酸及维生素C等,可供鲜食、制果酱及酿酒。

保护与濒危等级　《中国生物多样性红色名录》近危(NT)。

70 铅山悬钩子

Rubus tsangii Merr. var. *yanshanensis*
（Z. X. Yu et W. T. Ji）L. T. Lu

科　蔷薇科 Rosaceae
属　悬钩子属 *Rubus*

形态特征　攀援灌木,高约1m;枝无毛,圆柱形,稀稍有棱角,具长 1~2mm 的腺毛和疏生皮刺;小叶通常 5~7 枚,有时 11 枚,小叶片披针形或卵状披针形,长 4~7cm,宽 0.8~2cm,顶端渐尖,基部圆形,上面幼时稍有柔毛,后脱落,下面沿主脉具腺毛,疏生小皮刺,边缘有不整齐细锐锯齿或重锯齿;叶柄长 4~7cm,顶生小叶柄长约 1cm。花 3~5 朵成顶生伞房状花序,稀单生;花梗长 2~4cm;花直径 3~4cm;花萼被稀疏腺毛;萼片长圆状披针形或长卵状披针形,顶端长尾尖,花时直立展开,果时常反折;花瓣长倒卵形或长圆形,白色,基部具爪。果实近球形,直径达 1.5cm,红色,被腺毛。花期 4—5 月,果期 6—7 月。

分布与生境　见于乌岩岭,生于海拔 1000m 以下的路旁草丛中或溪边林下。

保护价值　华东特有种,是近年发现于乌岩岭的浙江新记录植物,目前仅分布于江西北部和浙江(西部、西南部)。果成熟时可鲜食。

保护与濒危等级　《中国生物多样性红色名录》无危(LC)。

71 龙须藤 田螺虎树

Bauhinia championii（Benth.）Benth.

科 豆科 Leguminosae
属 羊蹄甲属 *Bauhinia*

形态特征 常绿木质藤本。小枝、叶下面、花序被锈色短柔毛,老枝有明显棕红色小皮孔;卷须不分枝,单生或对生。叶片纸质或厚纸质,卵形、长卵形或卵状椭圆形,先端2裂达叶片的1/3或微裂,稀不裂,裂片先端渐尖,基部心形至圆形,掌状脉5~7条;叶柄纤细。总状花序与叶对生,或数个聚生于枝顶;花瓣白色,具瓣柄,外面中部疏被丝状毛;子房具短柄,有毛。荚果厚革质,椭圆状倒披针形或带状,扁平,无毛,有2~6种子。种子近圆形,直径约10mm,扁平。花期6—9月,果期8—12月。

分布与生境 见于白水漈、岩坑、黄连山、寿泰溪、溪斗,生于海拔800m以下的山谷、山坡、岩石边、林缘或疏林中。

保护价值 根和老藤供药用,有活血化瘀、祛风活络、镇静止痛的功效。叶形奇特、四季翠绿,可用于园林垂直绿化。

保护与濒危等级 浙江省重点保护野生植物。《中国生物多样性红色名录》无危(LC)。

72　南岭黄檀　南岭檀

Dalbergia balansae Prain

科　豆科 Leguminosae
属　黄檀属 *Dalbergia*

形态特征　落叶乔木,高达15m。树皮灰黑色至灰白色,有纵纹至条片状开裂。小枝幼时疏被毛,后无毛。奇数羽状复叶,有小叶13~17(~21);叶轴有疏毛;托叶线形,长约3mm,早落;小叶片长圆形或倒卵状长圆形,长2~4cm,初时两面均被柔毛。圆锥花序腋生,长5~10cm;花小,白色,长6~7mm;花梗长约3mm;花萼钟形,被锈色短柔毛;子房密被锈色柔毛。荚果椭圆形,扁平,通常有种子1~2;果柄长约6mm。花期6月,果期10—11月。

分布与生境　见于竹里、洋溪,生于山坡阔叶林中。

保护价值　木材材质坚韧,纹理细,供作高级家具及细木工用材。可作南方城市的风景树或庭荫树。

保护与濒危等级　《中国生物多样性红色名录》未予评估(NE);列入 CITES 附录 Ⅱ。

73 藤黄檀 藤檀

Dalbergia hancei Benth.

科 豆科 Leguminosae
属 黄檀属 *Dalbergia*

形态特征 木质藤本。幼枝疏被白色柔毛,有时小枝弯曲成钩状或螺旋状。奇数羽状复叶,有小叶9~13;托叶早落;小叶片长圆形或倒卵状长圆形,长1~2cm,先端微凹,基部圆形或宽楔形,下面疏被平伏柔毛。圆锥花序腋生,长13~19cm;花序梗及花梗密被锈色短柔毛;花小,绿白色;花萼钟状,外被短柔毛;子房线形,被短柔毛。荚果舌状,长3~7cm,宽1~1.5cm,扁平,无毛。种子肾形,长约7mm,扁平。花期3—4月,果期7—8月。

分布与生境 见于竹里、三插溪、石鼓背、岩坑、黄连山、溪斗、寿泰溪,生于山坡、溪边、岩石旁、林缘灌丛或疏林中。

保护价值 茎皮纤维可供编织;根、茎入药,有舒筋活络、理气止痛、破积之效,用于治疗风湿疼痛。

保护与濒危等级 《中国生物多样性红色名录》无危(LC);列入CITES附录Ⅱ。

74 黄檀 不知春

Dalbergia hupeana Hance

科　豆科 Leguminosae
属　黄檀属 *Dalbergia*

形态特征　落叶乔木,高10~20m。树皮暗灰色,呈条片状剥落。幼枝绿色,皮孔明显,无毛。奇数羽状复叶,有小叶9~11枚;小叶片近革质,长圆形或宽椭圆形,长3~5.5cm,宽1.5~3cm,先端圆钝或微凹,基部圆形或宽楔形,两面被平伏短柔毛或近无毛。圆锥花序顶生或生于近枝顶叶腋,长15~20cm;花序梗近无毛,花梗及花萼被锈色柔毛;花萼钟状,5齿裂;花冠淡紫色或黄白色,具紫色条斑。荚果长圆形,长3~9cm,宽13~15mm,扁平,不开裂,有1~3粒种子。种子黑色,近肾形,长约9mm。花期5—6月,果期8—9月。

分布与生境　见于双坑口、竹里、童岭头、三插溪、小燕、寿泰溪、黄连山、溪斗等地,生于林缘或疏林中。

保护价值　山地造林的先锋树种,也可作庭荫树、风景树。结构细密、质硬重、切面光滑、耐冲击、富于弹性、材色美观悦目、油漆胶黏性好,是运动器械、玩具、雕刻及其他细木工优良用材。根皮入药,具有清热解毒、止血消肿之功效,主治疮疥疔毒、毒蛇咬伤、跌打损伤等。

保护与濒危等级　《中国生物多样性红色名录》近危(NT);列入CITES附录Ⅱ。

75 香港黄檀

Dalbergia millettii Benth.

科　豆科 Leguminosae

属　黄檀属 *Dalbergia*

形态特征　落叶藤本。小枝常弯曲成钩状,主干和大枝有明显纵向沟和棱,具粗壮枝刺。一回奇数羽状复叶,小叶 25~35 枚,叶轴被微毛;小叶片长圆形,长 6~16mm,宽 2.8~3.8mm,两端圆形至平截,有时先端微凹,两面无毛;小叶柄被微毛。圆锥花序腋生,长 1~1.5cm;花小,白色,花梗短,被短柔毛;花萼钟状,5 齿裂;旗瓣倒卵状圆形,先端微缺,翼瓣长圆形,龙骨瓣斜长圆形,先端圆钝。荚果狭长圆形,长 3.5~5.5cm,宽 1.3~1.8cm,果瓣全部具网纹;通常具种子 1~3 粒。花期 6—7 月,果期 8—9 月。

分布与生境　见于双坑口、白水漈、小燕、陈吴坑、溪斗、黄连山、寿泰溪,生于山坡、路边、溪沟边林中或灌丛中。

保护价值　中国特有种。枝叶浓密,适作风景区、公园、庭院垂直绿化树。藤干可制手杖。叶供药用。

保护与濒危等级　《中国生物多样性红色名录》无危(LC);列入 CITES 附录 Ⅱ。

76 中南鱼藤 霍氏鱼藤

Derris fordii Oliv.

科 豆科 Leguminosae
属 鱼藤属 *Derris*

形态特征 木质攀援藤本。小枝无毛,被白色皮孔,枝髓实心。奇数羽状复叶,长15~28cm,具小叶5~7枚;托叶三角形,宿存;小叶片椭圆形或卵状长圆形,长4~12cm,宽2~5cm,先端短尾尖或尾尖,钝头,基部圆形,两面无毛,侧脉6~7对;小叶柄长4~6mm。圆锥花序腋生;小苞片2枚,钻形;花萼钟状,萼齿5枚;花冠白色,长约1cm,旗瓣有短柄,翼瓣1侧有耳,龙骨瓣与翼瓣近等长,基部有尖耳。荚果长圆形,长4~9cm,宽1.5~2.3cm,扁平,腹缝翅宽2~3mm,背缝翅宽不及1mm,花柱宿存;有1~2粒种子。花期8月,果期11月。

分布与生境 见于竹里、左溪、新增、陈吴坑、三插溪,生于低山丘陵、溪边、地边灌丛或疏林中。

保护价值 中国特有种。根、茎及叶含鱼藤酮,可毒鱼和作杀虫剂。根和茎供药用,外用可治跌打肿痛、关节痛、皮肤湿疹、疥疮等;鱼藤素具有很强的抗肿瘤作用。

保护与濒危等级 浙江省重点保护野生植物。《中国生物多样性红色名录》无危(LC)。

77 山豆根　　胡豆莲、三叶山豆根

Euchresta japonica Hook. f. ex Regel

科　豆科 Leguminosae
属　山豆根属 *Euchresta*

形态特征　常绿半灌木或小灌木,高30~90cm。茎圆柱形,基部稍匍匐,分枝少;幼枝、叶柄、小叶片下面、花序及花梗均被淡褐色短毛。羽状3小叶,互生;叶柄长3~6cm,托叶早落;小叶片近革质,稍有光泽,倒卵状椭圆形或椭圆形,先端钝头,基部宽楔形或近圆形,侧脉不明显;顶生小叶片较大。总状花序与叶对生,长7~14cm,花序梗长3.5~7cm,花梗长4~7mm,基部具小苞片;萼筒斜钟状;花冠白色;子房具柄,花柱细长,柱头小。荚果熟时黑色,肉质,椭圆形,有1粒种子;果梗长约5mm。花期7月,果期10—11月。

分布与生境　见于双坑口、里光溪、上芳香、童岭头、高岱源、罗溪源等地,生于海拔700~1200m的常绿阔叶林下及阴湿山坡上。

保护价值　东亚特有种,间断分布于中国和日本,对研究豆科地理区系及系统演化具有重要的科研价值。根入药,具有清热解毒、消肿止痛的功效,近年研究发现其对治疗恶性肿瘤有显著效果。

保护与濒危等级　国家二级重点保护野生植物。《中国生物多样性红色名录》易危(VU)。

78　野大豆　劳豆

Glycine soja Sieb. et Zucc.

科　豆科 Leguminosae
属　大豆属 *Glycine*

形态特征　一年生缠绕草本，长 1~4m。茎细长，全体被黄色长硬毛。羽状 3 小叶，托叶卵状披针形，被黄色硬毛；顶生小叶卵形至线形，长 3.5~6cm，宽 1.5~2.5cm，先端急尖，基部圆形，全缘，两面密被伏毛，侧生小叶斜卵状披针形。总状花序腋生，长 2~5cm；花小，长约 7mm；花萼钟状，密生长毛，裂片 5；花冠淡红紫色或白色。荚果长圆形，稍弯，两侧稍扁，长 17~23mm，宽 4~5mm，密被长硬毛，种子间稍缢缩，干时易裂。种子黑色，椭圆形，稍扁。花期6—8月，果期9—10月。

分布与生境　保护区低海拔各地常见，生于向阳山坡灌丛中、林缘、路边、田边。

保护价值　全草入药，具有补气血、强壮、利尿等功效。种子入药，具有益肾止汗的功效。全株可作饲料。种子供食用及制酱、酱油和豆腐等，又可榨油，油粕是优良的饲料和肥料。

保护与濒危等级　国家二级重点保护野生植物。《中国生物多样性红色名录》无危(LC)。

79 春花胡枝子

Lespedeza dunnii Schindl.

科　豆科 Leguminosae

属　胡枝子属 *Lespedeza*

形态特征　落叶灌木,高 1~2m。老枝暗褐色,微具棱;幼枝密被黄色柔毛。羽状 3 小叶,叶柄长 0.7~1cm;小叶片长椭圆形或卵状椭圆形,长 1.5~4.5cm,宽 1~2cm,先端圆,常微凹,具小尖头,基部圆形,上面无毛或中脉被极疏柔毛,下面密被伏贴长粗毛;小叶柄长约 1mm,密被柔毛。总状花序腋生,通常较复叶短,花疏生;花萼钟状,5 深裂,上方 2 齿多少合生,萼齿线状披针形,长是萼筒的 2~3 倍;花冠紫红色,长约 1cm。荚果长圆形或倒卵状长圆形,两端尖,疏被短柔毛。种子棕褐色,长圆形,长约 3.5mm,宽约 2mm,扁平。花期 4—5 月,果期 6—9 月。

分布与生境　见于洋溪,生于干旱山坡、路旁灌草丛中或疏林下。

保护价值　华东特有种。树形清秀,可作园林观赏树种。枝、叶入药,具有清热解毒之功效,用于治疗急性阑尾炎。

保护与濒危等级　《中国生物多样性红色名录》近危(NT)。

80 花榈木　花梨木、臭桶柴

Ormosia henryi Prain

科　豆科 Leguminosae

属　红豆属 *Ormosia*

形态特征　常绿乔木,高达15m。树皮青灰色,光滑。幼枝绿色,密被灰黄色茸毛。奇数羽状复叶,小叶5~9枚,叶轴密被茸毛;小叶片革质,椭圆形或长椭圆状卵形,长6~10cm,宽2~6cm,先端急尖或短渐尖,基部圆形或宽楔形,全缘,下面密被灰黄色毡毛状茸毛;小叶柄被茸毛。圆锥花序顶生或腋生;花序梗、花梗及花萼均密被灰黄色茸毛;萼筒短,倒圆锥形,萼齿5枚,卵状三角形,与萼筒近等长;花冠黄白色,旗瓣有瓣柄;雄蕊10枚,分离,突出。荚果木质,长圆形,长7~11cm,宽2~3cm,扁平稍有喙,无毛;有2~7粒种子。种子鲜红色,椭圆形,长8~15mm。花期6—7月,果期10—11月。

分布与生境　见于竹里、左溪、黄桥、陈吴坑、岩坑、寿泰溪、溪斗、三插溪,生于山坡林中或林缘。

保护价值　心材致密质重,纹理美丽,可作轴承及细木工用材。根、枝、叶入药,具有祛风散结、解毒祛瘀的功效。枝叶繁茂,可作园林绿化或防火树种。

保护与濒危等级　国家二级重点保护野生植物。《中国生物多样性红色名录》易危(VU)。

81 贼小豆 山绿豆

Vigna minima（Roxb.）Ohwi et Ohashi

科 豆科 Leguminosae
属 豇豆属 *Vigna*

形态特征 一年生缠绕草本,长达3m。茎纤细,无毛或被疏毛。羽状3小叶;托叶披针形,盾状着生,被疏硬毛;叶形状变化大,卵形、卵状披针形、披针形或线形,长2~8cm,宽0.4~3cm,先端急尖或钝,基部圆形或宽楔形,两面近无毛或被极稀疏的糙伏毛。总状花序腋生,花序梗远长于叶柄,通常有花3~4朵;花萼钟状,长约3mm,具不等大的5齿;花冠黄色,旗瓣极外弯,近圆形,长约1cm,宽约8mm;龙骨瓣具长而尖的耳。荚果圆柱形,长3~5.5cm,无毛,开裂后旋卷。种子长圆形,褐红色。花期8—9月,果期10—11月。

分布与生境 见于低海拔开阔地,生于山坡草丛中及溪边。

保护价值 豇豆属遗传育种的重要种质资源。种子入药,具行气止痛的功效。

保护与濒危等级 浙江省重点保护野生植物。《中国生物多样性红色名录》无危(LC)。

82 野豇豆 山土瓜

Vigna vexillata（L.）Rich.

科 豆科 Leguminosae
属 豇豆属 *Vigna*

形态特征 多年生缠绕草本。茎纤细,幼时有棕色粗毛。羽状3小叶,叶柄长2~4cm,托叶狭卵形至披针形,盾状着生;顶生小叶片变化大,宽卵形、菱状卵形至披针形,长4~8cm,宽2~4.5cm,先端急尖至渐尖,基部圆形或近截形,两面被淡黄色糙毛,小叶柄长1~1.2cm;侧生小叶片基部常偏斜,小叶柄极短,小托叶线形。花2~4朵着生在花序上部,花序梗长8~30cm;花梗极短;花萼钟状,长8~10mm,萼齿5枚,披针形或狭披针形;花冠紫红色至紫褐色,旗瓣近圆形,长约2cm,先端微凹,有短瓣柄,翼瓣弯曲,基部一侧有耳,龙骨瓣先端喙状,有短距状附属体及瓣柄。荚果圆柱形,长9~11cm,被粗毛,顶端具喙。种子黑色,长圆形或近方形,有光泽。花期8—9月,果期10—11月。

分布与生境 见于垟岭坑、乌岩岭、黄家岱、竹里、里光溪、三插溪,生于山坡林缘或草丛中。

保护价值 豇豆属遗传育种的重要种质资源。根入药,具有清热解毒、消肿止痛、利咽喉的功效,用于治疗气虚、头昏乏力、子宫脱垂、淋巴结核及蛇虫咬伤等,最新研究表明其具有抗菌、降血糖、降血压、抗乳腺癌、抗胃癌及降胆固醇的生理活性。

保护与濒危等级 浙江省重点保护野生植物。《中国生物多样性红色名录》无危(LC)。

83 金豆 山桔、山橘

科 芸香科 Rutaceae
属 金橘属 *Fortunella*

Fortunella venosa（Champ. ex Benth.）Huang

形态特征 常绿矮小灌木,高约 1m。刺细短,绿色,长通常 1cm 以内,稀达 2cm,生于叶腋间。嫩枝绿色,有棱,稍扁。单叶互生;叶片稍薄,椭圆形,长 2~4.5cm,宽 1~2cm,先端钝或急尖,微凹头,基部楔形,近全缘;叶柄长 1~2mm,无翅。花单生或 2~3 花腋生;花萼绿色,萼片 5,卵状三角形,长约 1mm。果实橙红色,近圆球形,长 6~12mm,直径 5~11mm;果梗极短或近无梗。种子歪卵形,青灰色,长 5~7mm,光滑。花期 4—6 月,果期 11 月。

分布与生境 见于石鼓背、三插溪,生于山坡林下、林缘或裸岩旁。

保护价值 柑橘属遗传育种的重要种质资源。枝叶茂密,可盆栽供观赏。果可鲜食,果皮作调味料。根及果实入药。

保护与濒危等级 国家二级重点保护野生植物。《中国生物多样性红色名录》易危(VU)。

84 红花香椿
Toona rubriflora Tseng

形态特征　落叶乔木,高达30m。树皮灰色,有纵裂缝。小枝圆柱形,有线纹和皮孔,疏生短柔毛。叶为偶数或奇数羽状复叶,连叶柄长35~40cm;小叶8~9对,对生或近对生;小叶片纸质,卵状长圆形至卵状披针形,长10~20cm,宽2~8cm,先端尾状渐尖,基部歪斜,全缘或波状,中脉在上面稍隆起,在背面隆起,侧脉10~15对,下面隆起,脉腋有簇毛,中脉密生短柔毛,侧脉被稀疏的细柔毛。圆锥花序顶生,长达60cm或更长,下垂;花序轴具稀疏皮孔,常密被短柔毛;花蕾圆锥形;萼片5,宽三角形,黄绿色;花瓣5,红褐色至紫黑色,覆瓦状排列,卵形。蒴果长椭球形,先端钝圆,下垂,棕色,干后变黑,密生苍白色粗大皮孔。种子两端具翅,不等长。花期6—7月,果期9—12月。

分布与生境　见于叶山岭,生于山坡、沟谷林中。

保护价值　中国特有种。本种树干笔直、生长迅速、花纹美观、香气浓郁、纹理直、结构细、耐腐性好,是建筑、装饰、家具的上等用材,是良好的用材树种。

保护与濒危等级　《中国生物多样性红色名录》易危(VU)。

85 斑子乌桕 小乌桕

Sapium atrobadiomaculatum F. P. Metcalf

科 大戟科 Euphorbiaceae
属 乌桕属 *Sapium*

形态特征 落叶灌木,高1~3m。枝、叶具白色乳汁。小枝光滑,近方形。叶互生;叶片椭圆状披针形或披针形,长3~9cm,宽1.5~3cm,先端长渐尖至尾尖,基部圆形或宽楔形,全缘,上面深绿色,下面略带苍白色,两面无毛;叶柄长5~12mm,两侧薄而呈狭翅状,顶端有时有腺体。总状花序顶生,长2~5cm;雄花2~3朵簇生于花序上部,花萼3~4裂,雄蕊(2)3,花丝极短;雌花1~2朵簇生于花序最下部,花萼3裂,子房球形,花柱短,柱头3裂,向外卷曲。蒴果三棱状球形,直径约1cm,分果瓣脱落后无宿存中轴。种子近球形,直径约5mm,有深褐色的斑点,无蜡质假种皮。花期3—5月,果期8—9月。

分布与生境 见于石鼓背,生于山坡疏林中、林缘路旁。

保护价值 中国特有种,省内仅分布于泰顺乌岩岭,分布区狭窄,资源稀少。

保护与濒危等级 《中国生物多样性红色名录》无危(LC)。

86 皱柄冬青 盘柱冬青

Ilex kengii S. Y. Hu

科 冬青科 Aquifoliaceae
属 冬青属 *Ilex*

形态特征 常绿乔木,高 10~15m。树皮灰色。小枝无毛。叶互生;叶片薄革质,椭圆形或卵状椭圆形,长 4~11cm,宽 2~4.5cm,先端长渐尖,基部钝或阔楔形,全缘,两面无毛,中脉在上面稍突起或平坦,下面隆起,侧脉6~9对,下面具腺点;叶柄长 7~13mm,下面具皱纹。花序簇生于叶腋;雌花序具 1~5 花,花萼裂片圆形,柱头厚盘状。果球形,直径约3mm,成熟时呈红色;分核4,宽椭球形,两端尖,背面具 5 或 6 易与分核脱离的线纹,无槽。花期 5 月,果期10—12 月。

分布与生境 见于黄桥,生于海拔 250~670m 的山坡或沟谷常绿阔叶林中。

保护价值 中国特有种,分布区狭窄,对于植物地理区系研究具有科学价值。本种木材坚韧,可用于制作玩具、雕刻品、工具柄和木梳等。

保护与濒危等级 《中国生物多样性红色名录》无危(LC)。

87　汝昌冬青
Ilex limii C. J. Tseng

科　冬青科 Aquifoliaceae
属　冬青属 *Ilex*

形态特征　常绿乔木,高达10m。幼枝绿色,偶微带紫色,具棱。叶互生;叶片厚革质,长圆形或椭圆状长圆形,长7~13cm,宽3~5cm,先端渐尖,基部楔形或钝,全缘,下面反卷,两面无毛,中脉在两面隆起,侧脉10~14对;叶柄长1~1.5cm。聚伞花序单生于叶腋或侧生于无叶的新枝下部;雌花1~3朵,雄花3~7朵;花紫红色,4~5数。果椭球形,长约7mm,成熟时呈鲜红色;分核4或5,椭球形,光滑,背部呈宽U形;内果皮革质。花期4月,果期10—12月。

分布与生境　见于黄桥、洋溪,生于海拔600~1320m的常绿阔叶林中。

保护价值　中国特有种,分布区狭窄,对于植物地理区系研究具有科学价值。树干笔直,冬季果实红艳,可作园林观果树种。

保护与濒危等级　《中国生物多样性红色名录》无危(LC)。

88 温州冬青

Ilex wenchowensis S. Y. Hu

科　冬青科 Aquifoliaccac
属　冬青属 *Ilex*

形态特征　常绿小灌木,高1.5~2m。小枝绿色,具纵棱,被短柔毛。叶互生;叶片厚革质,卵形,长3~6.5cm,宽1~3cm,先端渐尖或针齿状,基部截形或圆形,边缘深波状,每边具2~7针刺,中脉被短柔毛,侧脉4~5对,上面有光泽;叶柄长1~2mm。花序簇生于叶腋,每簇的单个分枝均含1朵花;雄花梗长1mm;花萼直径2mm,裂片三角状,顶端钝,有睫毛;花冠直径6~7mm;雄蕊与花冠等长。果扁球形,直径8mm;宿存柱头薄盘状或脐状;分核4,近圆形,长5mm,背部宽4.5mm,具掌状线纹,无沟。花期5月,果期10月。

分布与生境　见于飞来瀑,生于海拔600~850m的山坡沟谷阔叶林中。

保护价值　浙江特有种,分布区狭窄,资源稀少。叶形奇特、深绿光亮,入秋红果累累、鲜艳美丽,是良好的观叶、观果树种。

保护与濒危等级　《中国生物多样性红色名录》濒危(EN)。

89　疏花卫矛

Euonymus laxiflorus Champ. ex Benth.

科　卫矛科 Celastraceae
属　卫矛属 *Euonymus*

形态特征　常绿灌木或小乔木,高 2~5m。小枝略四棱形。叶片薄革质,多为倒卵状椭圆形或狭窄椭圆形,长 5~12cm,宽 2~3cm,先端长渐尖或尾状渐尖,基部楔形至窄楔形,有时下延,全缘或上部具少数不规则的尖齿,中脉在上面显著隆起,侧脉及网脉在两面均不甚明显;叶柄长 3~10mm。聚伞花序侧生或腋生,花序梗细长,分枝稀疏,具 5~9 花;花 5 数,紫红色、淡紫色;萼片边缘常具紫色短睫毛;花瓣近圆形;雄蕊无花丝;子房无花柱,柱头圆。蒴果紫红色,具 5 棱,倒圆锥形,长 7~9mm,先端稍下凹。种子长圆形,假种皮橘红色。花期 6—7 月,果期 10—12 月。

分布与生境　见于陈吴坑,生于海拔 500~1200m 的山坡林中或较阴湿的沟谷林缘。

保护价值　皮入药,具有祛风湿、强筋骨、活血、利水的功效,主治风湿骨痛、腰膝酸痛、疮疡肿毒、慢性肝炎、水肿等。叶色光亮,新叶嫩绿可爱,花鲜艳美丽,具有很高的观赏价值。

保护与濒危等级　《中国生物多样性红色名录》无危(LC)。

90 福建假卫矛

Microtropis fokienensis Dunn

科 卫矛科 Celastraceae
属 假卫矛属 *Microtropis*

形态特征 常绿灌木或小乔木,高 1.5~4m。小枝具 4 棱,无毛,二年生枝紫褐色。叶对生;叶片薄革质,长倒卵形、窄倒卵状披针形至长椭圆形,长 4~9cm,宽 1.5~3cm,先端急尖、短渐尖或骤尖,基部窄楔形或渐狭,全缘,边缘稍反卷,两面无毛,中脉在上面隆起,侧脉细弱,两面均不甚明显;叶柄长 2~8mm。密伞花序短小紧凑,腋生或侧生,稀顶生,具 3~9 花;花黄绿色,4~5 数;萼片半圆形,边缘具睫毛;花瓣宽椭圆形或椭圆形;雄蕊短于花冠。蒴果常为椭球形,核果状,长 1~1.4cm,直径 5~7mm。花期 2—3 月,果期 10—12 月。

分布与生境 见于双坑口、三插溪,生于海拔 500~1600m 的沟谷、山坡林下或灌丛中。

保护价值 中国特有种。枝、叶可入药,具有消肿散瘀、接骨的功效,对治疗风湿骨痛、跌打损伤有奇效。叶片深绿,冬季不枯,可作绿化观赏植物。

保护与濒危等级 《中国生物多样性红色名录》无危(LC)。

91 阔叶槭 高大槭、黄枝槭

Acer amplum Rehder

科 槭树科 Aceraceae

属 槭属 *Acer*

形态特征 落叶乔木,高达20m。树皮平滑,黄褐色或深褐色。小枝圆柱形,无毛,具黄色皮孔。叶对生;叶片纸质,长9~16cm,宽10~18cm,基部微心形或截形,常5裂,稀3裂或不分裂,上面深绿色或黄绿色,下面淡绿色,除脉腋有黄色丛毛外,其余部分无毛;叶柄圆柱形,长6~10cm,无毛或嫩时近顶端部分稍有短柔毛。伞房花序顶生,花序梗短,长2~4mm;花杂性,雄花与两性花同株;萼片5,淡绿色,无毛,长5mm;花瓣5,白色,倒卵形或长圆倒卵形。翅果长3.5~4.5cm,嫩时紫色,成熟时黄褐色;小坚果压扁状,无毛,两翅张开成钝角。花期4月,果期9—11月。

分布与生境 见于乌岩岭,生于溪边路旁、山谷或山坡林中。

保护价值 中国特有种。槭属育种种质资源。观赏树种,可作观叶、观果、观形植物,是园林造景中观秋叶和观果的重要种类,是培育新优观赏树种的优良材料。

保护与濒危等级 《中国生物多样性红色名录》近危(NT)。

92　稀花槭　　毛鸡爪槭

Acer pauciflorum W. P. Fang

科　槭树科 Aceraceae
属　槭属 *Acer*

形态特征　落叶灌木或小乔木,高1~5m。小枝纤细,当年生枝密被脱落性柔毛。叶对生;叶片膜质,近圆形,直径3~4mm,基部心形或近心形,5裂,裂片长圆状卵形或长圆状椭圆形,先端钝尖,边缘具锐尖的重锯齿或单锯齿,下面被平伏长柔毛或须毛;叶柄长1~2.3cm,被柔毛。伞房花序顶生;花序梗长5~10mm,被长柔毛或最后无毛;花淡紫色。翅果长约1.5mm,幼时淡紫色,成熟后淡黄褐色;小坚果突起,近于球形或椭圆形,被稀疏的长柔毛或最后无毛。花期4—5月,果期9月。

分布与生境　见于洋溪,生于山坡林下或林缘。

保护价值　浙江特有树种,槭属育种种质资源。叶片小巧精致,入秋转红,为优良的秋色叶树,果翅成熟前红色,适作园林观赏树种。

保护与濒危等级　《中国生物多样性红色名录》易危(VU)。

93 天目槭

Acer sinopurpurascens W. C. Cheng

科 槭树科 Aceraceae

属 槭属 *Acer*

形态特征 落叶乔木,高达10m。树皮灰色,平滑。小枝圆柱形,当年生枝紫褐色,嫩时微被短柔毛,多年生枝灰色或灰褐色,具卵形皮孔。叶对生;叶片纸质,近圆形,长5~9cm,宽8~10cm,基部微心形,3或5中裂,裂片边缘具稀疏钝锯齿、全缘或波状,上面深绿色,下面淡绿色,嫩时两面都被短柔毛,老时脱落,仅脉腋被丛毛;叶柄长2~8cm。总状花序或伞房总状花序侧生于去年生小枝条上,先叶开放;花紫色,单性,雌雄异株;萼片5,倒卵形;花瓣5,长卵圆形。翅果长3~3.5cm,脉纹显著,隆起,具短柔毛;小坚果黄褐色,突起,两翅张开成近于直角。花期4—5月,果期9—10月。

分布与生境 见于双坑口,生于山坡、溪边较湿润的林中。

保护价值 中国特有种。树形高大、叶片大型,入秋经霜后转红,果翅大型,适作公园、庭院绿化观赏。

保护与濒危等级 浙江省重点保护野生植物。《中国生物多样性红色名录》无危(LC)。

94 管茎凤仙花

Impatiens tubulosa Hemsl.

科 凤仙花科 Balsaminaccac
属 凤仙花属 *Impatiens*

形态特征 一年生草本,高 30~40cm。茎直立,较粗壮,肉质,无毛,下部节膨大。叶互生,上部叶常密集;叶片披针形或长圆状披针形,长 6~13cm,宽 2~3cm,先端渐尖或长渐尖,基部狭楔形下延,边缘具圆齿,齿端具小尖,两面无毛,侧脉 7~10 对;叶柄长 0.5~1.5cm。花 3~5 朵排成总状花序,淡黄色或白色;花序梗粗壮,长 2~4cm;花梗长 2~4cm,基部具 1 苞片;萼片 5 枚,侧生萼片 4 枚,外面 2 枚斜卵形,内面 2 枚狭披针形或条状披针形;唇瓣囊状,口部略斜上,先端具小尖,基部渐狭成长约 2cm 上弯的距,距先端不裂;旗瓣倒卵状椭圆形,长约 1cm,背面中肋具绿色狭龙骨状突起,顶端具小喙尖;翼瓣长约 1.5cm,具短柄,2 裂;子房纺锤形,顶端具 5 细齿裂。蒴果棒状,长 2~2.5cm,上部膨大,具喙尖。花果期 4—10 月。

分布与生境 见于竹里、洋溪,生于海拔 200~350m 的溪沟边、林下岩石边阴湿处。

保护价值 中国特有种。花形奇特,花期长,具有较高的观赏价值。

保护与濒危等级 《中国生物多样性红色名录》无危(LC)。

95　山地乌蔹莓

Causonis montana Z. H. Chen, Y. F. Lu et X. F. Jin

科　葡萄科 Vitaceae

属　乌蔹莓属 *Causonis*

形态特征　多年生草质藤本。小枝具纵棱,连同叶柄、小叶片两面中脉、小叶柄、花序梗均无毛或疏被微柔毛;卷须3分枝。鸟足状5小叶复叶;中央小叶片较大,纸质或厚纸质,卵状椭圆形或狭卵形,长4~14cm,宽2~5.5cm,先端渐尖至长渐尖,基部楔形,侧脉9~12对,边缘每侧有12~22锯齿,上面常具绢状光泽;叶柄长2~10cm,中央小叶柄长1~4cm,侧生小叶无柄或有短柄。复伞房状多歧聚伞花序腋生或假顶生,直径5~10cm,花序梗长4~10cm;花瓣先端通常无角状突起;花盘橙红色、玫红色、淡紫色或紫红色。浆果近球形,直径约1cm,成熟时由绿色变为白色、淡蓝紫色,再转为黑色。种子背面具锐棱纹,腹穴沟状,口部呈倒卵状披针形。花期5—8月,果期7—10月。

分布与生境　见于双坑口、黄家岱、上芳香等地,生于山坡或山沟、溪谷两旁林缘灌丛。

保护价值　华东特有种,2020年正式发表,模式标本采自景宁。

保护与濒危等级　《中国生物多样性红色名录》未予评估(NE)。

96 三叶崖爬藤　三叶青

Tetrastigma hemsleyanum Diels et Gilg

科　葡萄科 Vitaceae
属　崖爬藤属 *Tetrastigma*

形态特征　常绿草质藤本。块根卵形或椭圆形,表面深棕色,里面白色。茎无毛,下部节上生根;卷须不分枝,与叶对生。叶为3小叶,中间小叶片稍大,近卵形或披针形,长3~7cm,宽1.2~2.5cm,先端渐尖,有小尖头,边缘疏生小锯齿,侧生小叶片基部偏斜,无毛或变无毛,侧脉5~7对;叶柄长1.3~3.5cm。聚伞花序生于当年生新枝上,花序梗短于叶柄;花小,黄绿色;花梗长2~2.5cm,有短硬毛;花萼杯状,4裂;花瓣4枚,近卵形;花盘明显,有齿,与子房合生;子房2室,柱头4裂,星状展开。浆果球形,熟时红色转黑色。花期4—5月,果期7—8月。

分布与生境　见于双坑口、万斤窑、高岱源、黄家岱、叶山岭、上芳香、里光溪、黄桥、库竹井、三插溪、双坑头、陈吴坑、道均垟、碑排、洋溪等地,生于山坡或山沟、溪谷两旁林缘灌丛。

保护价值　中国特有植物。块根入药,具有清热解毒、活血止痛、祛风化痰的功效,用于治疗高热惊厥、肺炎、哮喘、肝炎、风湿、咽痛、痈疔疮疖及恶性肿瘤等,现代研究发现其提取物对肺癌、胃癌、肝癌、乙型肝炎有一定疗效,且能抗炎、止痛、解热等。

保护与濒危等级　浙江省重点保护野生植物。《中国生物多样性红色名录》无危(LC)。

97 无毛崖爬藤

Tetrastigma obtectum（Wall. ex M. A. Lawson）Planch.
ex Franch. var. *glabrum*（H. Lév.）Gagnep.

科　葡萄科 Vitaceae

属　崖爬藤属 *Tetrastigma*

形态特征　多年生常绿草质藤本。植株无毛。小枝圆柱形；卷须4~7分枝。掌状5小叶复叶；中央小叶片稍大，菱状椭圆形或椭圆披针形，长1~4cm，宽0.5~2cm，先端钝或急尖，基部楔形，外侧小叶基部不对称，边缘具波状圆齿，或齿端细尖而上翘，侧脉4~5对；叶柄长1~4cm，小叶柄极短或几无柄。伞形花序腋生或假顶生于具有1或2叶的短枝上，长1.5~4cm；花序梗长1~4cm。浆果球形，直径0.5~1cm。种子1，椭球形。花期3—5月，果期7—11月。

分布与生境　见于洋溪，生于海拔400m以下的沟谷、山坡密林下或岩石上。

保护价值　中国特有种，分布区狭窄，省内仅分布于苍南和泰顺，对于植物地理区系研究具有科研价值。可作园林观赏植物。

保护与濒危等级　《中国生物多样性红色名录》无危（LC）。

98 温州葡萄

Vitis wenchowensis C. Ling

科　葡萄科 Vitaceae
属　葡萄属 *Vitis*

形态特征　木质藤本。小枝纤细,有纵棱,无毛;卷须不分叉,每隔2节间断着生。单叶互生;叶片薄纸质或近纸质,叶变异范围广,常为戟状狭三角形或三角形,常3~5不规则裂,长4~9.5cm,宽2.5~4.5cm,先端长渐尖,稀急尖,基部心形,边缘具粗牙齿,有短睫毛,上面沿中脉及侧脉有短伏毛,具光泽,下面网脉稍明显,无毛,紫红色,带白粉;叶柄长1.8~3.2cm,纤细,无毛。圆锥花序与叶对生;雌花序长3.8~6cm;花小,黄绿色;花序轴及花梗有展开的短毛。浆果近球形,直径约8mm。花期5—6月,果期8—10月。

分布与生境　见于三插溪、石鼓背,生于山坡路边或溪边灌丛中。

保护价值　浙江特有种,分布区狭窄。叶形奇特,叶背常紫红色,可作园林观赏植物。

保护与濒危等级　《中国生物多样性红色名录》濒危(EN)。

99 大果俞藤

Yua austro-orientalis（Metc.）C. L. Li

科　葡萄科 Vitaceae
属　俞藤属 *Yua*

形态特征　木质藤本。小枝圆柱形,褐色或灰褐色,多皮孔,无毛;卷须2叉分枝,与叶对生。掌状5小叶,小叶片较厚,亚革质,倒卵状披针形或倒卵状椭圆形,长5~9cm,宽2~4cm,顶端急尖、短渐尖或钝,基部楔形,边缘上部每侧有2~6个锯齿,稀齿不明显,上面绿色,下面淡绿色,常有白粉,两面无毛,侧脉6~9对;叶柄长3~6cm,小叶柄长0.2~1.2cm。复二歧聚伞花序与叶对生,花序梗长1.5~2cm,花梗长3~6mm;花萼杯状,边缘全缘;花瓣5枚,高约3mm,花蕾时黏合,以后展开脱落;雄蕊5枚,花药黄色,长椭圆形;雌蕊长2~2.5mm,花柱渐狭,柱头不明显扩大。果实圆球形,直径1.5~2.5cm,紫红色。种子梨形,背腹侧扁,长6~8mm,宽约5mm,顶端微凹,基部有短喙。花期5—7月,果期10—12月。

分布与生境　见于洋溪,生于海拔约250m的溪边灌丛中。

保护价值　中国特有种,2017年发表的浙江新记录植物,标本采自洋溪。果实酸甜,可鲜食。

保护与濒危等级　《中国生物多样性红色名录》无危(LC)。

100 软枣猕猴桃 藤梨

Actinidia arguta (Sieb. et Zucc.) Planch. ex Miq.

科 猕猴桃科 Actinidiaceae
属 猕猴桃属 *Actinidia*

形态特征 落叶藤本。小枝幼时被毛,老枝无毛或疏被暗灰色皮屑状毛;髓淡褐色,片层状。叶片纸质,宽卵形至长圆状卵形,长8~12cm,宽5~10cm,先端具短尖头,基部圆形、楔形或心形,有时歪斜,干后上面非黑褐色,侧脉6或7对,边缘具细密锐齿,齿尖不内弯,下面无白粉,仅脉腋具髯毛;叶柄长3~7cm,常紫红色。聚伞花序一回或二回分歧,具1~7花,微被短茸毛;萼片5,稀4或6,具缘毛,早落;花瓣5,稀4或6,绿白色,倒卵圆形,无毛,芳香;花药暗紫色;子房瓶状球形,无毛。果圆球形至圆柱形,暗紫色,长2~3cm,具喙或喙不显著,无毛和斑点。种子长约2.5mm。花期5—6月,果期8—10月。

分布与生境 见于乌岩岭,生于海拔600~1500m的山坡疏林中或林缘。

保护价值 东亚特有种。果可鲜食,也可制果酱、蜜饯、罐头、酿酒等。果入药,具有滋阴清热、除烦止渴的功效。是猕猴桃属育种的重要种质资源。也可作为观赏树种。

保护与濒危等级 国家二级重点保护野生植物。《中国生物多样性红色名录》无危(LC)。

101 中华猕猴桃 猕猴桃

Actinidia chinensis Planch.

科 猕猴桃科 Actinidiaceae
属 猕猴桃属 *Actinidia*

形态特征 落叶藤本。小枝粗壮,幼时密被短茸毛或锈褐色长刺毛;髓白色。叶片厚纸质、宽倒卵形、宽卵形或近圆形,长6~12cm,宽6~13cm,先端突尖、微凹或平截,基部钝圆、平截或浅心形,边缘具刺毛状小齿,侧脉5~8对,上面无毛或仅脉上有少量糙毛,下面密被灰白色或淡棕色星状茸毛;叶柄长3~6cm,密被锈色柔毛。聚伞花序,雄花序通常3花,雌花多单生,稀2~3;花序梗长0.5~1.5cm,连同苞片、萼片均被茸毛;萼片5;花瓣5(7),白色,后变淡黄色、宽倒卵形;花药黄色;子房球形,被茸毛,花柱狭条形。果球形、卵状球形或圆柱形,长4~5cm,被短茸毛,熟时变无毛,黄褐色,具斑点。花期5月,果期8—9月。

分布与生境 见于保护区各地,生于海拔1300m以下的山坡、沟谷林中、林缘,常攀附于树冠、岩石上。

保护价值 中国特有种。果实口感酸甜,风味好,具有很高的营养价值,除鲜食外,也可以加工成各种食品和饮料,如果酱、果汁、果脯、果酒、果冻等。果实入药,具有调理中气、生津润燥、解热除烦、通淋的功效。是猕猴桃属育种的重要种质资源。

保护与濒危等级 国家二级重点保护野生植物。《中国生物多样性红色名录》无危(LC)。

102 长叶猕猴桃　粗齿猕猴桃

Actinidia hemsleyana Dunn

科　猕猴桃科 Actinidiaceae
属　猕猴桃属 *Actinidia*

形态特征　落叶大藤本。枝、叶柄和叶片下面中脉通常有红棕色或黑褐色刚毛;芽或小枝基部常有 1 丛棕色长柔毛;髓褐色,片层状。叶互生;叶片纸质,卵状椭圆形、宽卵圆形、长圆状披针形或倒披针形,长 5~18.5cm,宽 3~11.5cm,先端短尖或钝,基部楔形或圆形,两侧常不对称,边缘具稀疏突尖状小齿,或上部具波状粗齿,上面淡绿色,下面绿色至淡绿色,具白粉;叶柄长 1~4cm。聚伞花序 1~3 花,花序梗长 5~10mm;苞片钻形,密被黄褐色短茸毛;花绿白色至淡红色,直径达 16mm;花梗长 8~12mm;萼片 5,与花梗均密被黄褐色茸毛;花瓣 5,无毛;雄蕊、子房均密被黄色长糙毛。果长圆状圆柱形,长 2.5~3cm,幼时密被黄色长柔毛,成熟时毛逐渐脱落,有多数疣状斑点,基部具宿存、反折的萼片。花期 5—6 月,果期 7—9 月。

分布与生境　见于双坑口、库竹井、白水漈、三插溪、洋溪等地,生于海拔 400~1250m 的山地沟谷边或疏林下。

保护价值　华东特有种。果实富含维生素、氨基酸和微量元素,可鲜食、酿酒、制作果脯等,并具有清热解毒、祛风除湿之功效;民间常用根治疖肿及试治癌症。可作公园、庭院垂直绿化美化树种。

保护与濒危等级　《中国生物多样性红色名录》易危(VU)。

103 小叶猕猴桃 绳梨

Actinidia lanceolata Dunn

科 猕猴桃科 Actinidiaceae
属 猕猴桃属 *Actinidia*

形态特征 落叶藤本。小枝及叶柄密被棕褐色短茸毛,皮孔可见,老枝灰黑色,无毛;髓褐色,片层状。叶互生;叶片纸质,披针形、倒披针形至卵状披针形,长 3.5~12cm,宽2~4cm,先端短尖至渐尖,基部楔形至圆钝,上面无毛或被粉末状毛,下面密被极短的灰白色或褐色星状毛,侧脉 5~6 对,横脉明显;叶柄长8~20mm。聚伞花序有 3~7 花;花序梗长 3~10mm;苞片小,钻形,与花序梗均密被锈褐色茸毛;花淡绿色,稀白色或黄白色,直径 8mm;萼片3~4 枚,被锈色短茸毛;花瓣 5 枚;雄蕊多数;子房密被短茸毛。果小,卵球形,长 5~10mm,熟时褐色,有明显斑点,基部具宿存、反折的萼片。花期5—6月,果期10—11月。

分布与生境 见于左溪、三插溪、石鼓背、陈吴坑、新增、库竹井、寿泰溪、黄连山、溪斗,生于海拔200~650m的山坡或沟谷林下及林缘灌丛中。

保护价值 中国特有种。果实富含维生素、氨基酸和微量元素,可鲜食、酿酒、制作果脯等。其嫩叶色彩多样,果小巧精致,可作为公园、庭院垂直绿化美化树种。

保护与濒危等级 《中国生物多样性红色名录》易危(VU)。

104 黑蕊猕猴桃

Actinidia melanandra Franch.

科　猕猴桃科 Actinidiaceae
属　猕猴桃属 *Actinidia*

形态特征　落叶藤本。小枝无毛,具不明显皮孔;髓淡褐色或白色,片层状。叶互生;叶片纸质,椭圆形至长圆形,长 4.5~10cm,宽 2.5~6.7cm,先端骤渐尖,基部宽楔形至圆形,大多不对称,侧脉 6 或 7 对,边缘具通常内弯的细锐锯齿,下面具白粉,仅脉腋有淡褐色髯毛;叶柄长 2~6cm。聚伞花序一回或二回分歧,具花 2~7 朵;萼片 5,稀 4,具缘毛;花瓣 5,稀 4 或 6,绿白色至白色,匙状倒卵形;花药黑色;子房瓶状,无毛。果卵球形至圆柱形,长 2~3cm,无毛和斑点,顶端有喙,无宿萼。种子小,长约 2mm。花期 5 月下旬至 6 月上旬,果期 9 月。

分布与生境　见于双坑口,生于海拔 550~930m 的沟谷溪边、山坡林中。

保护价值　中国特有种。果实成熟后可食用。叶可喂猪。根部可作杀虫剂。在园林中适合用于制作观叶观花的棚架、花架。

保护与濒危等级　《中国生物多样性红色名录》未予评估(NE)。

105　安息香猕猴桃

Actinidia styracifolia C. F. Liang

科　猕猴桃科 Actinidiaceae
属　猕猴桃属 *Actinidia*

形态特征　落叶藤本。幼枝密被黄褐色短茸毛,老枝变无毛或残存白色皮屑状短茸毛,皮孔不明显;髓白色,层片状。叶互生;叶片纸质,椭圆状卵形或倒卵形,长 6~11.5cm,宽 4.5~6.5cm,先端急尖至短渐尖,基部宽楔形,边缘具突尖状小齿,上面幼时生短糙伏毛,下面密被灰白色星状短茸毛,脉上的毛带淡褐色,侧脉通常 7 对,横脉和网状小脉均明显;叶柄长 12~20mm,密被黄褐色短茸毛。聚伞花序二回分歧,有花 5~7 朵;花序梗长 4~8mm;苞片钻形,与花序梗均密被黄褐色短茸毛;萼片通常 2~3,外侧密被黄褐色短茸毛,内侧毛被稀疏;花瓣 5,长圆形或长圆状倒卵形;雄花橙黄色,直径 8~10mm。果圆柱形,长 2~3cm。花期 5 月,果期 9—10 月。

分布与生境　见于洋溪、黄桥,生于海拔 600~800m 的沟谷林中或山坡灌丛中。

保护价值　中国特有种。茎、叶入药,具清热解毒、除湿、消肿止痛之功效,用于治疗咽喉痛、泄泻,外用治疗痈疮痛。果实风味独特、营养丰富,可鲜食、酿酒、制作果脯等。可作为公园、庭院垂直绿化美化树种。

保护与濒危等级　《中国生物多样性红色名录》易危(VU)。

106 对萼猕猴桃 镊合猕猴桃

Actinidia valvata Dunn

科 猕猴桃科 Actinidiaceae
属 猕猴桃属 *Actinidia*

形态特征 落叶藤本。着花小枝淡绿色,无毛或有微柔毛,皮孔不明显,老枝紫褐色,有细小白色皮孔;髓白色,实心,有时层片状。叶互生;叶片纸质或膜质,长卵形至椭圆形,长 3.5~10cm,宽 3~6cm,先端短渐尖或渐尖,基部楔形或截圆形,稀下延,边缘有细锯齿至粗大的重锯齿,上面绿色,下面淡绿色,有时上部或全部变淡黄色斑块,两面均无毛;叶柄淡红色,无毛,长 1.5~2cm。花序具 1~3 花,花序梗长 0.5~1cm;苞片钻形;花白色,芳香,直径 1.5~2cm;萼片 2~3,镊合状排列;花瓣 5~9,倒卵圆形。果卵球形或长圆状圆柱形,长 2~2.5cm,无毛,无斑点,顶端有尖喙,基部有反折的宿存萼片,成熟时黄色或橘红色,具辣味。花期 5 月,果期 10 月。

分布与生境 见于岭北,生于海拔 300~1000m 的山沟边、岩隙旁或疏林灌丛。

保护价值 中国特有种。本种根供药用,有散瘀化结之效,能治消化系统疾病。叶常具淡黄色斑块,可作为公园、庭院垂直绿化美化树种。

保护与濒危等级 《中国生物多样性红色名录》近危(NT)。

107 浙江猕猴桃

Actinidia zhejiangensis C. F. Liang

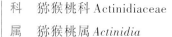

形态特征　落叶大藤本。着花小枝薄被茸毛，后无毛；不育小枝密被黄褐色茸毛；髓白色，层片状。叶片长圆形或长卵形，长5~20cm，宽2.5~11cm，先端渐尖，基部浅心形至垂耳状，上面近无毛，下面起初密被黄褐色茸毛或分叉的星状毛，后渐落；叶柄长1~4cm。聚伞花序有1~3朵花；花序梗长1~1.5cm；花淡红色，直径1~2.5cm，雌花常较雄花大；萼片常4~5，与花序均密被褐色茸毛；花瓣5枚，倒卵形；子房球形，直径5~6mm，密被黄褐色卷曲茸毛。果圆柱形，长3.5~4cm，表面有一层糠秕状短茸毛和黄褐色长毡毛，具宿存萼片。花期5月，果期9月。

分布与生境　见于叶山岭，生于海拔900m以下的山地林缘。

保护价值　浙江特有种。果实风味独特、营养丰富，可鲜食、酿酒、制作果脯等。可作为公园、庭院垂直绿化美化树种。

保护与濒危等级　《中国生物多样性红色名录》极危（CR）。

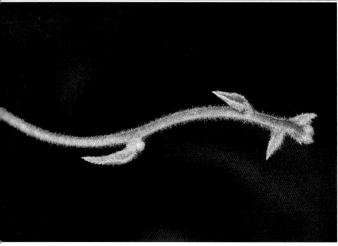

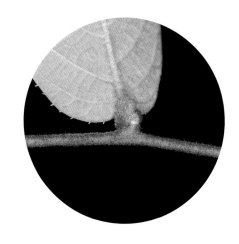

108 **毛枝连蕊茶** 白花细叶茶

Camellia trichoclada（Rehder）S. S. Chien

| 科 | 山茶科 Theaceae |
| 属 | 山茶属 *Camellia* |

形态特征 常绿灌木,高达 2m。小枝纤细,黄褐色,密被展开长粗毛。叶薄革质,排成 2 列;叶片卵形,长 1.2~2.5cm,宽 0.6~1.3cm,先端微凹,基部圆形,有时微心形,边缘具细钝锯齿,上面除中脉外无毛,下面近无毛;叶柄长 1~1.5mm,具毛。花 1~2 朵顶生,白色、粉红色,直径 2~2.5cm;花梗长 1~3mm;苞片 4~5;萼片 5,宽卵形,与苞片均无毛或边缘有微小睫毛;花瓣 5~6,近圆形;雄蕊 20~30;花柱顶端 3 裂,同花丝和子房均无毛。蒴果近球形,直径 9~10mm,具宿存的苞片及萼片,熟时 3 裂。花期 11—12 月,果期翌年 10 月。

分布与生境 见于岭北、里光溪、库竹井,生于山坡林下或灌木丛中。

保护价值 浙闽特有种,分布区狭窄,资源稀少。本种叶片特小而密,排成 2 列,花白色或粉红色,可供盆栽观赏。

保护与濒危等级 《中国生物多样性红色名录》近危（NT）。

109 红淡比 杨桐

Cleyera japonica Thunb.

科 山茶科 Theaceae
属 红淡比属 *Cleyera*

形态特征 常绿小乔木,高达9m。树皮平滑,灰褐色或灰白色。小枝具2棱或萌芽枝无棱,顶芽显著。叶2列状互生;叶片革质,形态多变,常椭圆形或倒卵形,长5~11cm,宽2~5cm,先端渐尖或短渐尖,基部楔形,全缘,上面深绿色,有光泽,下面淡绿色,无腺点,中脉在上面平贴或少有略下凹,下面隆起,侧脉两面稍明显;叶柄长0.5~1cm。花两性,单生或2~3朵生于叶腋;萼片5,圆形,边缘有纤毛;花瓣5,白色;雄蕊约25。浆果球形,直径7~9mm,成熟时黑色。花期6—7月,果期9—10月。

分布与生境 见于双坑口、万斤窑、黄桥、石角坑、三插溪、碑排、洋溪、溪斗,生于海拔800m以下的山谷溪边林下或林缘。

保护价值 东亚特有种。叶色浓绿光亮,适作风景区、庭院、公园及工矿区美化绿化树种。枝、叶经加工后出口日本,供拜祭用。

保护与濒危等级 浙江省重点保护野生植物。《中国生物多样性红色名录》无危(LC)。

110 尖萼紫茎 紫茎

Stewartia acutisepala P. L. Chiu et G. R. Zhong

科 山茶科 Theaceae
属 紫茎属 *Stewartia*

形态特征 落叶小乔木,高6~12cm。树皮灰褐色,薄片剥落而呈斑驳状。叶纸质,倒卵状椭圆形,长6~10cm,宽2.5~5cm,先端渐尖,基部渐狭,边缘有疏锯齿,齿端有小尖头,上面无毛,下面初时散生贴伏长柔毛,后渐落;叶柄长5~8mm。花单生于叶腋;花梗5~10mm;苞片2枚,常有细锯齿;萼片5枚,与苞片卵形,急尖,外轮2枚略长;花瓣不相等;雄蕊基部合生,花丝被疏柔毛;子房卵形,密被柔毛,花柱单一,无毛,花后伸长至12mm。蒴果5棱,尖圆锥形,顶端具缘,被毛。种子每室2个。花期5—6月,果期9—10月。

分布与生境 见于双坑口、高岱源、白水漈、芳香坪,生于海拔约1300m的山坡或溪边林中。

保护价值 浙江特有的古老残遗树种。紫茎属是东亚和北美间断分布属,在研究植物地理区系及古植物地理方面有科学意义。树干通直、光滑、红褐色,花洁白,是极好的观赏树种,可作园景树、行道树等。

保护与濒危等级 浙江省重点保护野生植物。《中国生物多样性红色名录》无危(LC)。

111　小果石笔木

Tutcheria microcarpa Dunn

科　山茶科 Theaceae

属　石笔木属 *Tutcheria*

形态特征　常绿小乔木,高5~10m。小枝无毛或被脱落性微毛,散生黑色斑点。叶互生;叶片椭圆形至披针状椭圆形,长6~10cm,宽2.5~3.5cm,先端渐尖,基部楔形,上面光亮,无毛,下面被脱落性毛,侧脉8~9对,边缘略反卷,具钝锯齿;叶柄长5~8mm。花单生于枝端叶腋,白色,直径1.5~2.5cm;花梗长1mm以下;萼片及花瓣外面均密被金黄色短柔毛;雄蕊多数;子房被毛。蒴果三棱锥状球形或卵形,具稀疏绢毛,直径1~1.5cm,3瓣开裂。种子侧生于宿存的中轴上,每室通常3个,具光泽,卵状椭球形,背面拱突,腹面具不规则的刻纹。花期6—7月,果期10—11月。

分布与生境　见于寿泰溪,生于海拔600m以下的沟谷林中。

保护价值　中国特有种。本种树形美观,叶色光亮,花朵洁白亮丽,果实茂密,具有较高的观赏价值,是优质的木本花卉植物。种子含油量高,是一种具有潜在开发价值的新型生物能源植物。

保护与濒危等级　《中国生物多样性红色名录》无危(LC)。

112 亮毛堇菜

Viola lucens W. Beck.

科 堇菜科 Violaceae
属 堇菜属 *Viola*

形态特征 多年生低矮小草本,高5~7cm。全体被白色长柔毛。根状茎垂直,密生结节,生多条细根;无地上茎,具匍匐枝。叶基生,莲座状;叶长圆状卵形或长圆形,长1~3cm,宽0.5~1.3cm,先端钝,基部心形或圆形,边缘具圆齿,两面密生白色状长柔毛;叶柄细弱,长短不等,长0.2~2.5cm,密被长柔毛;托叶褐色,披针形,边缘具流苏状齿。花淡紫色;花梗细弱,远高出叶丛,疏生细毛,在中部以上有2枚对生的线形小苞片;萼片狭披针形,长2.5~3mm,基部附属物短,长约0.5mm;上方及侧方花瓣倒卵形,长1~1.1cm,下方花瓣船状,连距长9mm,距长1~1.5mm;子房球形,花柱棍棒状,基部膝曲,顶部增粗,柱头先端具短喙。蒴果卵圆形,长约5mm,无毛。花期3—4月,果期5—7月。

分布与生境 见于黄桥、三插溪、洋溪、黄连山、溪斗,生于山坡林下阴湿处或沟谷溪边。

保护价值 中国特有种。本种全草入药,具止痛消炎、清热解毒的功效。可作为地被或盆栽供观赏。

保护与濒危等级 《中国生物多样性红色名录》濒危(EN)。

113 **美丽秋海棠** 裂叶秋海棠

Begonia algaia L. B. Sm. et Wassh.

科 秋海棠科 Begoniaceae
属 秋海棠属 *Begonia*

形态特征 多年生草本,高30~40cm。根状茎横走,长4~11cm。叶数片,自根状茎生出;叶片近圆形,直径15~25cm,宽9~21cm,掌状深裂达1/2,裂片7~8,再浅裂,裂片和小裂片先端尾尖,边缘具不整齐的芒状细齿,叶片基部深心形而对称,上面深绿色,下面淡绿色,脉上紫红色,两面疏生短糙毛;叶柄长20~35cm,被棕色柔毛。聚伞花序具2~4花;雌花序在上,具长5~7cm的花序梗,花被片5;雄花较雌花小,花被片4。蒴果被棕褐色柔毛,具3翅,其中1翅较大,长圆状三角形。花期8—9月,果期10—11月。

分布与生境 见于里光溪、竹里、左溪,生于山地沟谷林下阴湿石缝中。

保护价值 植株高大,叶色柔媚,花色艳丽,可作花境、林下地被、湿地美化植物,也可室内盆栽供观赏。

保护与濒危等级 浙江省重点保护野生植物。《中国生物多样性红色名录》近危(NT)。

114 槭叶秋海棠

Begonia digyna Irmsch.

科　秋海棠科 Begoniaceae
属　秋海棠属 *Begonia*

形态特征　多年生草本,高30~40cm。根状茎横走;地上茎直立,具2~3节,被棕褐色柔毛。叶有基生叶和茎生叶之分,茎生叶数片,互生;叶片卵圆形,长7~22cm,宽5~15cm,浅裂达1/3处,裂片6~8枚;叶柄长5~12cm,基生叶的叶柄长可达25cm,被棕褐色柔毛。聚伞花序生于茎上部叶腋,具2~4花;雌花序具长3~7cm的花序梗,雄花序具长1~1.5cm的花序梗;花淡红色;雄花被片4,雌花被片5。蒴果无毛或几无毛,具3翅,其中1翅较大,长圆状三角形。花期7—8月,果期8—9月。

分布与生境　见于叶山岭、竹里、左溪,生于海拔约500m的山地沟谷林下潮湿石缝中。

保护价值　叶形奇特,花色艳丽,可作花境、林下地被和湿地美化植物。

保护与濒危等级　浙江省重点保护野生植物。《中国生物多样性红色名录》无危(LC)。

115 秋海棠　无名相思草

Begonia grandis Dryand.

科　秋海棠科Begoniaceae
属　秋海棠属*Begonia*

形态特征　多年生草本，高 0.6~1m。具球形块茎。茎直立，多分枝，无毛。叶互生，腋间常生珠芽；叶片宽卵形，常 8~25cm，宽 6~20cm，先端短渐尖，基部偏心形，边缘尖波状，具细尖齿，上面绿色，下面叶脉及叶柄均带紫色；叶柄长 5~15cm；托叶膜质，椭圆状披针形。伞状花序生于上部叶腋，具多花；花淡红色；雄花直径 2.5~3cm，花被片 4，外轮 2 枚较大，雄蕊多数，花丝下半部合生成长约 3mm 的雄蕊柱；雌花稍小，花被片 5 或较少。蒴果长 1.5~3cm，具 3 翅，其中 1 翅较大，椭圆状三角形。花期 8—9 月，果期 10 月。

分布与生境　见于乌岩岭、垟岭坑，生于山地林下阴湿处。

保护价值　本种是秋海棠科分布最北、抗寒性最强、分布范围最广的种类之一，具有较高的科研价值。叶形奇特，花色艳丽，具有较高的观赏价值。块茎可供药用，有活血散瘀、止血止痛、清热解毒之效。

保护与濒危等级　浙江省重点保护野生植物。《中国生物多样性红色名录》无危(LC)。

116 白花荛花

Wikstroemia trichotoma（Thunb.）Makino

科　瑞香科 Thymelaeaceae
属　荛花属 *Wikstroemia*

形态特征 常绿灌木,高 0.5~1.5m。茎皮褐色,具皱纹,多分枝,纤细而披散;一年生、二年生枝绿色,无毛。叶对生或在近花序处互生;叶片薄纸质,卵形至卵状披针形,长 1.2~3.5cm,宽 1~2.2cm,先端尖,基部圆形至近截形,稀宽楔形,全缘,上面绿色,下面灰绿色,两面无毛;叶柄短。穗状花序顶生兼腋生,具 10 余朵花,再组成松散、具叶的圆锥花序;花序梗无至长达 2.5cm;花梗无或极短;花萼白色,裂片 5,宽椭圆形,先端钝;雄蕊 10,2 列;鳞片状花盘 1,条形;子房梨形,顶端无毛或微被柔毛,具短柄,花柱短,柱头圆形。核果近梨形,长 3~5mm,栗色,具柄,无毛。花期 6—7 月,果期 9—12 月。

分布与生境 见于洋溪,生于疏林下、林缘或路旁。

保护价值 东亚特有种,省内仅见于乌岩岭,对研究浙江省内地理区系具有较高的价值。花果期长,花色与其他荛花属植物相比具有特色,具有观赏价值。

保护与濒危等级 《中国生物多样性红色名录》无危(LC)。

117 福建紫薇 浙江紫薇

Lagerstroemia limii Merr.

科 千屈菜科 Lythraceae
属 紫薇属 *Lagerstroemia*

形态特征 灌木或小乔木,高达6m。树皮细浅纵裂,粗糙。小枝圆柱形,密被灰黄色柔毛。叶互生或近对生;叶片较厚,长圆形或长圆状卵形,长6~20cm,宽3~8cm,两面被柔毛,侧脉10~17对。花淡红紫色,直径1.5~2cm,组成顶生圆锥花序;苞片长圆状披针形;萼筒直径约6mm,有12条明显的棱,外面密被柔毛,棱上尤甚,5~6裂,裂片长圆状披针形或三角形,裂片间具明显发达的附属体,附属体肾形,有时2~6浅裂;花瓣6;雄蕊30~40。蒴果卵圆形,长8~12mm,光亮,有浅槽纹,具4~5裂片。花期6—9月,果期8—11月。

分布与生境 见于三插溪,生于溪边和山坡灌木丛中。

保护价值 中国特有种。树姿优美,树干光滑洁净,花色艳丽,花期长,具有较高的观赏价值。

保护与濒危等级 《中国生物多样性红色名录》近危(NT)。

118 喜树 旱莲木

Camptotheca acuminata Decne.

科 蓝果树科 Nyssaceae
属 喜树属 *Camptotheca*

形态特征 落叶乔木,高达25m。一年生枝紫绿色,初有微茸毛,后无毛,具稀疏皮孔。叶互生;叶片椭圆状卵形,长5~17cm,宽6~12cm,先端渐尖,基部近圆形或宽楔形,全缘,上面绿色,下面淡绿色,沿脉密生短柔毛,侧脉10~15对,弧状平行;叶柄长1.5~3cm,初有柔毛,后几无毛。头状花序顶生或腋生,直径1.5~2cm,常组成圆锥花序,花序梗长3~6cm;苞片三角状卵形;花萼5浅裂;花瓣5,密被短柔毛,早落;花盘显著;雄蕊2轮,花丝纤细;花柱无毛。翅果长圆形,长2~2.5cm。花期7月,果期9—11月。

分布与生境 见于双坑口、上芳香、垟岭坑、里光溪、竹里、双坑头等地,生于山坡、沟谷土层深厚的地方。

保护价值 中国特有种。果实、根、树枝、叶均可入药,具有抗癌、杀虫的作用。木材可作家具、造纸。树干挺直,生长迅速,常作为行道树。

保护与濒危等级 国家二级重点保护野生植物。《中国生物多样性红色名录》无危(LC)。

119 肉穗草　东方肉穗草

Sarcopyramis bodinieri H. Lév. et Vaniot

科　野牡丹科 Melastomataceae
属　肉穗草属 *Sarcopyramis*

形态特征　纤细小草本,高5~12cm。茎四棱形,匍匐状,无毛。叶对生;叶片纸质,卵形或椭圆形,长1.2~3cm,宽0.8~2cm,顶端钝或急尖,基部圆形或近楔形,边缘具疏浅波状齿,齿间具小尖头,基出脉3~5条,叶面绿色或紫绿色,被疏糙伏毛,叶背通常紫红色,无毛;叶柄长3~11mm,无毛,具狭翅。聚伞花序顶生,有花1~3朵,稀5朵,基部具2枚叶状苞片;苞片通常为倒卵形;花序梗长0.5~3cm,花梗长1~3mm;花萼长约3mm,具4棱,棱上有狭翅,顶端增宽而成垂直的长方形裂片,裂片背部具刺状尖头,有时边缘微羽状分裂;花瓣紫红色至粉红色,宽卵形,略偏斜,长3~4mm,顶端急尖;雄蕊内向,花药黄色;子房坛状,顶端具膜质冠,冠檐具波状齿。蒴果杯形,具4棱,膜质冠长出萼1倍。花期5—7月,果期10—12月或翌年1月。

分布与生境　见于黄桥、双坑口、上燕,生于海拔280~1000m的山坡林下。

保护价值　中国特有种。2017年发表的浙江新记录植物,新记录标本采自乌岩岭。

保护与濒危等级　《中国生物多样性红色名录》无危(LC)。

120 **吴茱萸五加** 树三加

Acanthopanax evodiifolius Franch.

科　五加科 Araliaceae
属　五加属 *Acanthopanax*

形态特征　落叶小乔木或灌木,高达8m。树皮灰白色至灰褐色,平滑。小枝暗灰色,无刺。掌状3小叶复叶,在长枝上互生,在短枝上簇生;叶柄长3.5~8cm;小叶片卵形、卵状椭圆形或长椭圆状披针形,长6~10cm,宽2.8~6cm,基部楔形,两侧小叶基部歪斜,全缘或具细齿,小叶无柄或具短柄。伞形花序常数个簇生或排列成总状;花梗长0.5~1.5cm;花萼几全缘;花瓣4,长约2mm,绿色,反曲;雄蕊4;子房下位,2~4室,花柱2~4,仅基部合生。果近球形,直径5~7mm,具2~4浅棱。花期5月,果期9月。

分布与生境　见于龙井、白云尖、白水漈、小燕,生于海拔400~1550m的山冈岩石上或阔叶林中及林缘。

保护价值　枝叶茂盛,秋叶金黄,是一种优良的彩叶树种。根皮入药,有祛风湿、强筋骨之效,主治风湿痹痛、四肢拘挛、劳伤咳嗽、哮喘、跌打肿痛等。材质轻软,纹理直,干缩小,常作为火柴或包装用材。

保护与濒危等级　《中国生物多样性红色名录》易危(VU)。

121 糙叶五加

Acanthopanax henryi（Oliv.）Harms

科　五加科 Araliaceae
属　五加属 *Acanthopanax*

形态特征　落叶灌木,高1~3m。幼枝密生脱落性短柔毛,疏生扁钩刺。小叶5,稀3;叶柄长4~11cm,密生粗短毛;小叶片椭圆形或倒披针形,长5~12cm,宽3~6cm,先端急尖或渐尖,基部狭楔形,上面粗糙,脉上常散生小刺毛,下面脉上被短柔毛,中部以上具明显细锯齿;小叶柄短或近无柄。伞形花序数个簇生于枝顶;花序梗粗壮,长1~4cm;花梗长0.8~1.5cm,与花序梗连接处具淡黄色簇毛;花萼长3mm,无毛,具5小齿;花瓣5,长卵形,长约2mm,花时反曲,无毛或稍有毛;雄蕊5;子房下位,5室,花柱全部合生成柱状。果椭球形,有5浅棱,长约8mm,成熟时呈黑色,宿存花柱长约2mm。花期7—8月,果期9—10月。

分布与生境　见于乌岩岭,生于沟谷溪边林下阴湿处。

保护价值　中国特有种。根皮入药,具有祛风除湿、补益肝肾、强筋壮骨、利水消肿的功效,民间也用来酿制药酒。叶形美观,果序大,果色丰富,具有观赏价值。

保护与濒危等级　《中国生物多样性红色名录》无危(LC)。

122 大叶三七 竹节参、竹节人参

Panax japonicus（Nees）C. A. Mey.

科 五加科 Araliaceae
属 人参属 *Panax*

形态特征 多年生草本,高30~100cm。根状茎短,竹鞭状,横生,有2至数条肉质根;地上茎单生,直立,圆柱形,具纵纹,无毛。叶为掌状复叶,3~5枚轮生于茎顶,叶柄长5~10;小叶5,有时3~4,中央小叶大,侧生小叶较小。伞形花序单生于茎顶,有时花葶上部再生1至数个小伞形花序,具花50~80朵;花序梗长9~28cm;花小,淡绿色或带白色;花萼具5齿;花瓣5,长卵形;雄蕊5;子房下位,2~5室,花柱与子房室同数,中部以下合生,果时向外弯曲。果近球形或球状肾形,直径4~6mm,熟时红色,或顶端黑色,下部红色。花期6—8月,果期8—10月。

分布与生境 见于万斤窑、飞来瀑,生于海拔800~1300m的山谷林下水沟边或阴湿岩石旁腐殖土中。

保护价值 根状茎入药,具有散瘀止血、消肿止痛、祛痰止咳、补虚强壮等功效,现代药理实验表明其有镇静止痛、协同解痉、止血等作用,具有极高的药用和保健价值。

保护与濒危等级 国家二级重点保护野生植物。《中国生物多样性红色名录》未予评估(NE)。

123 福参 建当归

Angelica morii Hayata

科 伞形科 Umbelliferae
属 当归属 *Angelica*

形态特征　多年生草本,高 50~100cm。全体无毛。根圆锥形,歪斜,有分枝,棕褐色。茎直立,上部分枝,有细沟纹。基生叶及茎生叶叶柄基部膨大成长管状的叶鞘,抱茎;叶片二回三出式羽状分裂,有 3~5 羽片,末回裂片卵形至卵状披针形,长 1.5~3.5cm,宽 1~2.5cm,常 3 浅裂至 3 深裂,边缘有缺刻状锯齿,齿端尖,有缘毛;茎顶部叶简化成宽大的叶鞘。复伞形花序顶生和侧生;总苞片无或少数,伞辐 10~20;小总苞片 5~8,线状披针形,有短毛;花瓣黄白色,长卵形,先端内弯,有一明显中脉。果实长卵形,长 4~5mm,宽 3~4mm,背棱线形,侧棱翅状,狭于果体;棱槽中有油管 1 条,合生面有油管 2~4 条。花、果期 4—7 月。

分布与生境　见于左溪、三插溪、石鼓背,生于山谷、溪沟、石缝内。

保护价值　中国特有种。根入药,用于治疗脾虚泄泻、虚寒咳嗽、蛇咬伤、肿胀等,对冠心病、心绞痛有特效。

保护与濒危等级　《中国生物多样性红色名录》近危(NT)。

124　长梗天胡荽

Hydrocotyle ramiflora Maxim.

科　伞形科 Umbelliferae
属　天胡荽属 *Hydrocotyle*

形态特征　多年生匍匐草本,高 8~20cm。茎细长,柔弱,无毛或被柔毛。叶片圆形或圆肾形,长 1~6cm,宽 1.5~7cm,基部弯缺处的两叶耳通常相接或重叠,两面疏生短硬毛,5~7浅裂,裂片边缘有钝锯齿;托叶膜质,阔卵形,全缘或微裂;叶柄长 1~10cm。单伞形花序生于各节上,与叶对生;花序的花序梗长为叶柄的 1~2 倍;花多数;花梗长约 2mm;花瓣白色,卵形,具亮黄色腺体;花柱基隆起,花柱初时内弯,以后外弯。果实心状圆形,长 1~2mm,幼果略带紫红色,成熟时褐色到黑紫色。花果期 5—8 月。

分布与生境　见于竹里,生于沟谷林下潮湿处。

保护价值　东亚特有种,间断分布于中国和日本,对于植物地理区系研究具有科研价值。全草入药,具有清热解毒、利尿消肿的功效。全草可食用。

保护与濒危等级　《中国生物多样性红色名录》近危(NT)。

125　华东山芹　　山芹

Ostericum huadongense Z. H. Pan et X. H. Li

科　伞形科 Umbelliferae
属　山芹属 *Ostericum*

形态特征　多年生草本，高 0.8~1.5m。茎圆柱形，具纵条棱，无毛，中部以上有少数分枝。基生叶及茎中下部叶具长柄，叶柄长 10~20cm，三棱形，基部膨大成鞘；叶片三角形，长 20~40cm，宽 20~35cm，二至三回三出全裂，末回裂片卵形至菱状卵形，长 2~5cm，宽 1.5~3.5cm，无毛，边缘具圆齿，顶端急尖，基部楔形至宽楔形；茎上部叶渐小，叶片简化，叶柄呈鞘状。复伞形花序顶生，少侧生；花序梗长 8~16cm；总苞片 1~4，线形至披针形，小总苞片 8~11；小伞形花序有花 18~30；萼齿显著，披针形；花瓣白色，顶端微凹，具内折的小舌片。果实卵形至矩形，基部心形，外果皮由 1 层外突的细胞组成，背棱翅狭，侧棱翅宽 1~1.5mm；油管棱槽内 1 条，合生面 2 条，胚乳腹面平直。花果期 8—10 月。

分布与生境　见于洋溪，生于山坡疏林下、林缘及沟边草丛中。

保护价值　中国特有种。根入药，有祛风止痛的功效，可治跌打损伤、蛇虫咬伤等。幼苗可食用，用水烫、清水浸泡后炒食、凉拌、油炸、做汤等。

保护与濒危等级　《中国生物多样性红色名录》近危(NT)。

126 锐叶茴芹

Pimpinella arguta Diels

科 伞形科 Umbelliferae
属 茴芹属 *Pimpinella*

形态特征 多年生草本,高0.4~1m。根圆柱形。茎直立,上部具分枝。基生叶有柄,长可达10cm以上;叶片二回三出分裂或三出式二回羽状分裂,末回裂片卵形、倒卵形,长2~6cm,宽1~3cm,基部楔形,顶端通常尖尾状,或渐尖,边缘有锐锯齿,背面叶脉上有毛;茎中、下部叶与基生叶同形;茎上部叶较小,无柄,叶片3裂,裂片卵状披针形或披针形。总苞片2~6,线形、披针形;伞辐9~20,不等长,长2~7cm;小总苞片3~8,线形,短于果柄;小伞形花序有花10~25;萼齿三角形或披针形;花瓣卵形或倒卵形,白色,基部楔形,顶端凹陷,有内折小舌片;花柱基圆锥形,花柱长于花柱基,向两侧弯曲。果实卵形,长约4mm,无毛,果棱不明显;每一棱槽内油管3条,合生面油管4条,胚乳腹面平直。花期6—8月,果期9—10月。

分布与生境 见于双坑口,生于海拔700~960m的溪边林下。

保护价值 中国特有种,2020年发表的浙江新记录植物。

保护与濒危等级 《中国生物多样性红色名录》无危(LC)。

127　球果假沙晶兰　　球果假水晶兰

Monotropastrum humile（D. Don）H. Hara

科　鹿蹄草科 Pyrolaceae
属　沙晶兰属 *Monotropastrum*

形态特征　多年生腐生草本,高7~17cm。肉质,茎粗3~6mm。菌根密集成鸟巢状。地上部分无叶绿素,白色,半透明,干后变黑色;叶互生,鳞片状,在茎基部较密,中部稀疏,顶端密集;叶片长10~20mm,宽4~12mm,先端钝圆,基部较狭,边缘全缘或有细小齿,无毛。花单生于茎顶,下垂,钟形;萼片2~5;花瓣3~5;雄蕊8~12,花药橙黄色;子房卵形或长圆形,无毛,侧膜胎座6~13;花柱短,无毛,柱头宽大,中央凹入,呈漏斗状,常为铅蓝色,有疏长毛。浆果近卵球形或椭圆形,下垂,无毛。种子多数,椭圆形或卵状椭圆形。花期4—5月,果期6—7月。

分布与生境　见于上岱、上芳香、金刚厂,生于山地林下。

保护价值　晶莹剔透如水晶一般,山林中的"幽灵之花",株形奇特,观赏价值高。全草入药,具有补虚止咳的功效,用于治疗肺虚咳嗽。

保护与濒危等级　《中国生物多样性红色名录》无危(LC)。

128 普通鹿蹄草

Pyrola decorata H. Andr.

科 鹿蹄草科 Pyrolaceae
属 鹿蹄草属 *Pyrola*

形态特征 多年生常绿草本,高15~30cm。根状茎细长,横生或斜生,有分枝。叶3~6枚,近基生;叶片薄革质,长圆形或倒卵状长圆形,长3~7cm,宽2.5~4cm,先端钝尖或圆钝尖,上面深绿色,沿叶脉为淡绿白色或稍白色,下面常带紫色,边缘具疏齿;叶柄长2~5cm。花葶细,常带紫色,有1~3枚褐色鳞片状叶;总状花序有4~10花;花倾斜,稍下垂,花冠碗形,直径1~1.5cm,淡绿色或黄绿色或近白色;萼片卵状长圆形;雄蕊10,花丝无毛;花柱长,伸出花冠,柱头5圆裂。蒴果扁球形,直径7~10mm。花期6—7月,果期8—9月。

分布与生境 见于双坑口,生于海拔600~1300m的山地阔叶林或灌丛下。

保护价值 中国特有种。民间常用中草药,全草入药,主治风热感冒、风湿疼痛、跌打损伤、痢疾、外伤出血等。

保护与濒危等级 《中国生物多样性红色名录》无危(LC)。

129　齿缘吊钟花

Enkianthus serrulatus（E. H. Wils.）C. K. Schneid.

科　杜鹃花科 Ericaceae
属　吊钟花属 *Enkianthus*

形态特征　落叶灌木或小乔木，高 2.5~6m。小枝暗红色，光滑无毛。叶密集生于枝顶；叶片坚纸质，长圆形、椭圆状长圆形或长卵形，长 4~9cm，宽 2~3.5cm，先端短渐尖至渐尖，基部宽楔形或钝圆，边缘具细锯齿，上面无毛或中脉有微柔毛，下面中脉下部被白色短柔毛；叶柄长 6~15mm。伞形花序顶生，有 2~6 花，花下垂；花冠壶形，白色，长 0.8~1.2cm，口部 5 浅裂，裂片反卷；雄蕊 10，花丝白色，下部具白色柔毛。蒴果长圆形，长约 1cm，直立；果梗直立，不弯曲。花期 2—3 月，果期 10—11 月。

分布与生境　见于五龟湖、上燕，生于山坡灌丛或疏林。

保护价值　中国特有种。根入药，具有祛风除湿、活血的功效。花形奇特，可单株或数丛用于点缀草坪、道路转弯处，也可用于假山，还可以成片种植于斜坡的落叶树林下。

保护与濒危等级　《中国生物多样性红色名录》无危（LC）。

130 弯蒴杜鹃 罗浮杜鹃

Rhododendron henryi Hance

科 杜鹃花科 Ericaceae

属 杜鹃属 *Rhododendron*

形态特征 常绿灌木,高1~4m。枝细长,无毛或有时具刚毛。叶革质,常5~7片集生于枝顶;叶片倒卵状长圆形或长椭圆形,长5.5~11cm,宽1.5~3cm,先端短渐尖,基部楔形或狭楔形,边缘微反卷,具刺毛,中脉和侧脉在上面凹陷,下面突起,侧脉在近边缘处联结;叶柄长0.7~1.2cm,被刚毛或近无毛。伞形花序生于侧枝叶腋,有花3~5朵;花淡紫红色或粉红色,漏斗状钟形,长4.5~5cm,5裂,裂片长圆状倒卵形,长3~3.5cm;雄蕊10;子房圆柱状,密被腺状刚毛。蒴果圆柱形,长3~4.5cm,微弯曲。花期3—4月,果期9—11月。

分布与生境 见于洋溪,生于山坡林下。

保护价值 中国特有种。枝繁叶茂、根桩奇特、花形美丽,是优良的盆景材料,园林中成片栽于庭院,也可于疏林下散植,是花篱的良好材料。

保护与濒危等级 《中国生物多样性红色名录》无危(LC)。

131 毛果杜鹃 福建杜鹃

Rhododendron seniavinii Maxim.

科 杜鹃花科 Ericaceae

属 杜鹃属 *Rhododendron*

形态特征 半常绿或常绿灌木,高1~3m。小枝密被红棕色糙伏毛。叶集生于枝顶;叶片薄革质或革质,春叶冬季脱落或宿存,狭椭圆形或卵状长圆形,稀长圆状披针形,长3.5~9cm,宽1~3.5cm,先端渐尖,具短尖头,基部阔楔形,边缘全缘,微反卷,具睫毛,上面深绿色,初时被红棕色糙伏毛,后变无毛或有黑褐色毛,下面密被红棕色糙伏毛;夏叶冬季宿存,远较春叶小,卵形或卵状椭圆形。伞形花序顶生,具花4~7朵;花冠白色,5裂,上方3裂片内面有玫瑰色斑点;雄蕊5。蒴果狭卵圆形,长约8mm,密被毛。花期4—5月,果期9—10月。

分布与生境 见于叶山村,生于山坡林中或林缘灌丛。

保护价值 中国特有种。本种可植于庭院花坛中,亦可作切花,有较高的园艺价值。叶入药,具有止咳、祛痰、平喘、消炎之功效,可用于治疗慢性气管炎。

保护与濒危等级 《中国生物多样性红色名录》无危(LC)。

132 泰顺杜鹃

Rhododendron taishunense B. Y. Ding et Y. Y. Fang

科　杜鹃花科 Ericaceae
属　杜鹃属 *Rhododendron*

形态特征　常绿灌木或小乔木,高2~5m。叶3~4片集生于枝顶;叶片革质,椭圆状长圆形或长圆状披针形,长3.5~9cm,宽1.2~3cm,先端渐尖,基部心形,微反卷,边缘有刺芒状锯齿或刺毛,下面中脉具刺毛外,中脉在上面下凹,在下面突出;叶柄长2~5mm,密被刺毛。花单生于枝顶叶腋;花萼短小,长约2mm;花冠淡紫红色,狭漏斗状,长3.5~4cm,裂片5,椭圆状长圆形;雄蕊10。蒴果圆柱形,长4~4.5cm。花期4月,果期9—11月。

分布与生境　见于叶山岭、左溪、里光溪、铁炉基、岩坑、溪斗、黄连山,生于山坡林中。

保护价值　浙江特有种。花期特别早,早春2月开花,是杜鹃花改变花期的重要遗传育种材料。3~4枚叶片轮生于枝顶,叶形奇特,叶周有睫毛,嫩叶红色,花大粉红,可供园林绿化。

保护与濒危等级　浙江省重点保护野生植物。《中国生物多样性红色名录》易危(VU)。

133 虎舌红　红毛毡

Ardisia mamillata Hance

科　紫金牛科 Myrsinaceae
属　紫金牛属 *Ardisia*

形态特征　常绿小灌木,高达35cm。具匍匐的木质根状茎,幼时密被锈色卷曲长柔毛。叶互生或簇生在茎的顶端;叶片坚纸质,倒卵形或长圆状椭圆形,长7~14cm,宽3~5cm,顶端尖或钝,边缘有不明显的疏圆齿及藏于毛中的腺点,两面暗紫红色,密生红褐色卷曲有节毛,上面毛基部挠状突起,侧脉6~8对。伞形花序有花5~9,着生于侧生花枝上;花瓣粉红色或近白色,具腺点。浆果球形,鲜红色,直径约5mm,散生褐色腺点和卷曲毛。花期6—7月,果期11—12月。

分布与生境　见于洋溪,生于海拔150~600m的山谷阔叶林下阴湿处。

保护价值　株形紧凑,花小淡雅,果实鲜艳,果、叶可全年观赏,是优良的室内装饰植物。全草入药,具有清热利湿、活血止血、去腐生肌的功效,用于治疗跌打损伤、月经不调、肝炎、胆囊炎等。叶外敷可去疮毒等。

保护与濒危等级　《中国生物多样性红色名录》未予评估(NE)。

134　莲座紫金牛　　毛虫药

Ardisia primulifolia Gardner et Champ.

科　紫金牛科 Myrsinaceae
属　紫金牛属 *Ardisia*

形态特征　常绿矮小半灌木。茎极短,全体被锈色长柔毛。叶互生或基生成莲座状;叶片膜质或厚纸质,长 4~12cm,宽 2~4cm,两面密被卷曲毛,边缘具不明显的浅圆齿,侧脉约 6 对。聚伞花序或近伞形花序,单一,从莲座叶腋中抽出 1~2 个;花序梗长 3~12cm;花粉红色,花冠长 4~6mm,花瓣广卵形,具腺点;花萼仅基部联合,萼片长圆状披针形,与花瓣近等长,具腺点;雄蕊较花瓣略短;雌蕊较花瓣略短,子房球形,疏被微柔毛。果球形,直径 4~6mm,鲜红色,具疏腺点。花期 6—7 月,果期 11—12 月,有时延至翌年 4—5 月。

分布与生境　见于岭北、垟岭坑、溪斗,生于山坡、山谷阔叶林下。

保护价值　本种主产于我国浙江、福建、云南、广东、广西,省内仅见于苍南、平阳、泰顺,数量稀少。全草入药,具有补血功效,主治痨伤咳嗽、风湿、跌打、疮疖等,亦用于治疗毛虫刺伤。

保护与濒危等级　《中国生物多样性红色名录》未予评估(NE)。

135　五岭管茎过路黄　　五岭过路黄

Lysimachia fistulosa Hand.-Mazz. var. *wulingensis* F. H. Chen et C. M. Hu

科　报春花科 Primulaceae
属　珍珠菜属 *Lysimachia*

形态特征　多年生草本,高20~50cm。茎直立或膝曲直立,明显四棱形,单一或有分枝。单叶对生;叶片披针形,先端长渐尖,基部渐狭成草质边缘的叶柄,半抱茎,上面及边缘有稀疏小刺毛,两面有粒状腺点。缩短的总状花序生于茎端,成头状花序状;花梗短;花萼5深裂,裂片披针形,被毛;花冠淡黄色,长1~1.3cm,5裂,裂片倒卵形;雄蕊5,基部合生成筒;子房球形,具多节毛,花柱细长。蒴果球形,直径3~3.5mm。花期4—5月。

分布与生境　见于洋溪,生于海拔约300m的阔叶林下。

保护价值　中国特有种,省内仅分布于乌岩岭。花朵密集成头状,具有较高的观赏价值,可作花境植物或盆栽观赏。

保护与濒危等级　《中国生物多样性红色名录》近危(NT)。

136 银钟花

Halesia macgregorii Chun

科　安息香科 Styracaceae
属　银钟花属 *Halesia*

形态特征　落叶乔木,高 6~15m。树皮灰白色,光滑。小枝紫褐色,后变灰褐色。叶互生;叶片椭圆状长圆形至椭圆形,长 6~10cm,宽 2.5~4cm,先端渐尖,基部钝或宽楔形,边缘具细齿,上面无毛,下面脉腋有簇毛,侧脉每边 10~24 条;叶柄长 7~15mm。总状花序短缩,似簇生于去年生小枝叶腋内,下垂,具清香;花萼筒倒圆锥形,具 4 裂齿;花冠白色,宽钟形,裂片 4,倒卵状椭圆形,长约 9mm;雄蕊 8 枚,花丝基部 1/5 处合生,与花柱均伸出花冠之外。果为干核果,椭圆形,长 2.5~3cm,其 4 条宽纵翅,顶端有宿存花柱。花期 4 月,果期 7—10 月。

分布与生境　见于双坑口、黄家岱、榅垟、杨寮、童岭头、陈吴坑、白水漈、黄连山,生于阔叶林中或林缘。

保护价值　中国特有种。银钟花间断分布于我国和北美,对研究我国和北美植物地理区系间的联系有一定的科学价值。秋色叶树种,树干通直,枝叶扶疏,花洁白、美丽芬芳,果形奇特,适作风景区、公园、庭院绿化观赏树种。

保护与濒危等级　浙江省重点保护野生植物。《中国生物多样性红色名录》近危(NT)。

137 陀螺果　鸦头梨

Melliodendron xylocarpum Hand.-Mazz.

科　安息香科 Styracaceae
属　陀螺果属 *Melliodendron*

形态特征　落叶乔木,高 7~15m。树皮灰白色,光滑。小枝红褐色。叶片倒披针形、卵状披针形,长 6~11cm,宽 4~6cm,顶端钝渐尖或急尖,基部楔形至宽楔形,边缘有细锯齿;叶柄长 5~10mm。花单生或成对生于去年生枝的叶腋内;花萼管状,筒长约 4mm;花冠粉白色,花冠裂片 5;雄蕊 10,花丝下部 1/3 合生成筒,筒内密生白色长柔毛。核果木质,具 5~10 棱,倒卵形,长 3~4cm,直径 1.5~2.5cm,上部 3/4 处留有环状萼檐的残迹,被星状柔毛。花期 3 月,果期 8 月。

分布与生境　见于洋溪,生于向阳山坡阔叶林中。

保护价值　中国特有种,省内仅分布于乌岩岭。木材黄白色,材质坚韧,适宜作农具或工具等用材。树形美丽,可作庭院中的绿化树种。

保护与濒危等级　浙江省重点保护野生植物。《中国生物多样性红色名录》无危(LC)。

138　越南安息香　泰国安息香

Styrax tonkinensis (Pierre) Craib ex Hartwich

科　安息香科 Styracaceae
属　安息香属 *Styrax*

形态特征　常绿乔木,高6~30m。树皮暗灰色或灰褐色,具不规则纵裂纹。嫩枝被褐色星状毛,成长后变为无毛。叶互生;叶片薄革质,椭圆形、椭圆状卵形至卵形,长5~11cm,宽3~6cm,顶端短渐尖,基部圆形或楔形,全缘或上部具不明显的锯齿,下面密被灰白色星状微茸毛。圆锥花序或渐缩小成总状花序,或单花腋生,或2枚花并生;花序长3~10cm;花白色,长12~25mm;花萼杯状;花冠裂片膜质,卵状披针形或长圆状椭圆形,花蕾时覆瓦状排列;雄蕊10,花丝扁平。果实近球形,直径10~12mm,外面密被灰黄色星状茸毛;种子褐色,密被小瘤状突起和微硬毛。花期4—6月,果期8—10月。

分布与生境　见于洋溪,生于山坡阔叶林中或灌丛中。

保护价值　发现于乌岩岭的浙江新记录植物,省内仅见于乌岩岭。材用树种,树干通直,结构致密,可作火柴杆、家具及板材。树脂入药,可治中风昏厥、产后血晕、心腹疼痛、小儿惊风、化脓性感染等。

保护与濒危等级　《中国生物多样性红色名录》无危(LC)。

139　云南木犀榄　异株木犀榄

Olea dioica Roxb.

科	木犀科 Oleaceae
属	木犀榄属 *Olea*

形态特征　常绿灌木或乔木,高 3~8m。树皮灰白色,纵裂。小枝圆柱形,被短柔毛,节处稍压扁。叶对生;叶片革质,倒披针形或倒卵状椭圆形,长 3~12cm,宽 1.5~6cm,先端锐尖或渐尖,基部楔形,常全缘或具不规则的锯齿,叶缘稍反卷,上面深绿色,下面淡绿色;中脉在上面凹入,在下面突起,侧脉 4~11 对;叶柄长 0.5~1cm,被短柔毛,上面具深沟。花序腋生,圆锥状;花冠白色、淡黄色或红色,杂性异株;雄花序长 2~15cm,花梗纤细,长 1~5mm,无毛;两性花序长 1~8cm,花梗短粗,长 0~2mm。果卵球形、长椭圆形或近球形,呈紫黑色。花期 2—11 月,果期 5—12 月。

分布与生境　见于三插溪、洋溪,生于海拔 800m 以上的灌丛或林中。

保护价值　中国特有种。鲜果可以做罐头和蜜饯。果榨油可入药,有降低人体胆固醇含量、促进胆汁分泌与消化等功能。植株分枝丛密,萌芽性极强,耐修剪,可作绿篱或绿墙。

保护与濒危等级　浙江省重点保护野生植物。《中国生物多样性红色名录》未予评估(NE)。*Flora of China* 将异株木犀榄并入云南木犀榄,其中云南木犀榄被评估为无危(LC),异株木犀榄则未予评估(NE)。

140 浙南木犀

Osmanthus austrozhejiangensis Z. H. Chen, W. Y. Xie et X. Liu

科 木犀科 Oleaceae
属 木犀属 *Osmanthus*

形态特征 常绿小乔木或灌木,高3~5m。小枝灰色,被展开短柔毛;老枝无毛。叶片厚革质、倒卵状椭圆形、倒卵形或椭圆形,稀卵形,长8~12cm,宽3~5cm,先端急尖或短渐尖,基部楔形,稀宽楔形,边缘稍背卷,中部以上具尖锐细锯齿或全缘(萌生枝之叶具刺尖齿),两面无毛,上面深绿色,光亮,侧脉8~10对;叶柄长1~2cm,被微柔毛,后几脱净。聚伞花序簇生于叶腋,每一腋内有花芽1或2枚,每一芽有花3~5朵;苞片2,革质,外面密被柔毛;花梗长4~9mm;花芳香;花萼长1~1.1mm,裂片4,三角形;花冠白色,花冠管长2.2~2.3mm,裂片长2.2~3mm,宽约2mm,先端圆钝;雄蕊着生于花冠管基部,花丝长1.3~1.5mm,中部以下与花冠合生;雌蕊长约2mm,花柱长约1mm,柱头头状。核果椭圆球形,稍歪斜,长1.3~1.5cm,直径约8mm,两端钝,熟时暗紫色,果核长0.8~1.2cm,宽4~7mm,表面具10~14条肋纹。花期9—10月,果期翌年4—5月。

分布与生境 见于童岭头、三插溪,生于海拔950~1200m的山坡林下或林缘。

保护价值 浙江特有种,2021年正式发表的新种,模式标本采自景宁望东垟,副模采自乌岩岭。

保护与濒危等级 《中国生物多样性红色名录》未予评估(NE)。

141 厚边木犀 厚叶木犀

Osmanthus marginatus(Champ. ex Benth.)Hemsl.

科 木犀科 Oleaceae
属 木犀属 *Osmanthus*

形态特征 常绿乔木或灌木,高可达7m。小枝、叶柄和叶片无毛;叶对生;叶片厚革质,有光泽,阔椭圆形至披针状椭圆形,有时倒卵形,长9~15cm,宽4.5~6cm,先端短突尖,有时渐尖或钝,基部宽楔形或楔形,稍下延至叶柄,通常全缘,侧脉7~9对;叶柄长1~2.5cm。聚伞花序组成短小圆锥花序,腋生,稀顶生,长1~2cm,花排列紧密,花序轴无毛或被柔毛;苞片卵形,长2~2.5mm,具睫毛;花梗长1~2mm;花萼浅杯形,长1.5~2mm,裂片与萼筒近等长,具睫毛;花冠淡黄色或淡绿色,4深裂,裂片反折;雄蕊伸出花冠筒;子房有鳞毛,柱头2裂。果椭圆形或倒卵形,长1.5~1.8cm,直径约1cm,成熟时呈紫黑色。花期4—5月,果期11—12月。

分布与生境 见于黄桥、洋溪、叶山岭,生于海拔300~800m的常绿阔叶林中。

保护价值 中国特有种,分布于浙江、福建、广东,数量稀少。树干笔直,树形美观,可作为园林绿化树种。

保护与濒危等级 《中国生物多样性红色名录》无危(LC)

142　大叶醉鱼草

Buddleja davidii Franch.

科　马钱科 Loganiaceae
属　醉鱼草属 *Buddleja*

形态特征　落叶灌木,高可达3m。嫩枝密被白色星状绵毛;小枝略呈四棱形,披散状。叶对生;叶片卵状披针形至披针形,长3.5~14cm,宽1.2~5cm,先端渐尖,基部楔形,边缘疏生细锯齿,上面无毛,下面密被灰白色星状茸毛;叶柄长约3mm。花淡紫色,后变黄白色或白色,有香气,多数聚伞花序集成长可达40cm的圆锥花序;花序梗长3~12cm;苞片线形,长7~10mm;花萼外面密被星状茸毛,4裂,裂片披针形;花冠筒直而细,长0.7~1cm,喉部橙黄色,外面疏生星状茸毛及鳞片;雄蕊4,着生于花冠筒中部;子房无毛。蒴果线状长圆形,长6~8mm。种子线状长圆形,两端具长尖翅。花期8~9月,果期10—11月。

分布与生境　见于罗溪源,生于海拔560m左右的山坡路旁。

保护价值　东亚特有种。全株供药用,有祛风散寒、止咳、消积止痛之效。花可提取芳香油。枝条柔软多姿,花美丽而芳香,是优良的庭院观赏植物。

保护与濒危等级　《中国生物多样性红色名录》无危(LC)。

143 通天连

Tylophora koi Merr.

科　萝藦科 Asclepiadaceae
属　娃儿藤属 *Tylophora*

形态特征　攀援灌木,全体无毛。叶片薄纸质,长圆形或长圆状披针形,大小不一,侧脉4~5对;小叶长2~5cm,宽约1cm,基部圆形或截形;大叶长8~11cm,宽2~5cm,基部心形或浅心形;叶柄长8~15mm,扁平。聚伞花序近伞房状,腋生或腋外生;花序梗长4~11cm,曲折;花梗纤细;花黄绿色,直径4~6mm;花萼5深裂,内面基部有5个腺体,裂片长圆形,边缘透明;花冠近辐状,花冠筒短,裂片长圆形,具不明显的4~5脉纹;副花冠裂片卵形,贴生于合蕊柱基部,肉质,高达花药一半;花粉块近球状,平展;子房无毛,柱头略突起。蓇葖果通常单生,线状披针形,长4~9cm,直径约5mm,无毛。种子卵圆形,顶部具白色绢质种毛。花期6—9月,果期7—12月。

分布与生境　见于寿泰溪,生于海拔1000m以下山谷潮湿密林中或灌木丛中,常攀援于树上。

保护价值　浙江南部为本种的分布北缘,对于植物地理区系研究具有一定的学术价值。全株药用,主治毒蛇咬伤、跌打损伤、疮疖、手指疮等。果形奇特,花果期长,可作为棚架观赏植物。

保护与濒危等级　《中国生物多样性红色名录》无危(LC)。

144 泰顺皿果草

Omphalotrigonotis taishunensis S. Z. Yang, W. W. Pan et J. P. Zhong

科 紫草科 Boraginaceae
属 皿果草属 *Omphalotrigonotis*

形态特征 多年生草本,高 35~45cm。茎基部平卧,上部上升,密被展开的硬糙毛,有少数分枝。基生叶匙状椭圆形,长 6.5~10.5cm,宽 1.4~2.5cm,先端急尖或圆钝,有小尖头,基部渐狭,全缘,两面密被糙伏毛;茎生叶除基部 1~2 片具短柄外均无柄,下部叶片倒卵状椭圆形,上部叶片卵状椭圆形,长 2.5~7cm,宽 1.2~2.3cm,先端圆钝或急尖,有小尖头,全缘或上部叶片略呈波状,具缘毛,两面密被糙伏毛。镰刀状聚伞花序顶生,长 5~16cm;花梗密被展开的硬糙毛,果时下弯;花萼钟状,长 1.5~2.2mm,5 裂至近基部;花冠近辐状,白色或淡蓝色,长 3~3.5mm,5 中裂,喉部有 5 半月形附属物;雄蕊 5;子房 4 深裂。小坚果 4,四面体形,长约 1 mm,褐色,平滑,有光泽,背面具碗状突起。花期 4—5 月,果期 5—7 月。

分布与生境 见于高岱源、碑排,生于海拔 700~900m 的溪边林下。

保护价值 乌岩岭特有种,仅发现 1 个分布点,数量极少,亟待抢救性保护。

保护与濒危等级 《中国生物多样性红色名录》未予评估(NE)。

145 狭叶兰香草

科 马鞭草科 Verbenaceae
属 莸属 Caryopteris

Caryopteris incana（Thunb. ex Houtt.）Miq. var. *angustifolia* S. L. Chen et R. L. Guo

形态特征 直立亚灌木，高 20~50cm。枝圆柱形，略带紫色，被向上弯曲的灰白色短柔毛。叶片厚纸质，狭披针形，长 3~5.5cm，宽 4~8mm，先端锐减，基部宽楔形或近圆形至截形，边缘有粗齿，两面疏被短柔毛，下面中脉稍隆起；叶柄较短，长 3~7mm。聚伞花序紧密，腋生和顶生；无苞片和小苞片；花萼杯状，长约 2mm，果时增大，宿存，长达 5mm，外面密被短柔毛；花冠淡紫色或紫蓝色，二唇形，外面具短柔毛，花冠筒长约 3.5mm，喉部有毛环，裂片长约 1.5mm，下唇中裂片较大，边缘流苏状；雄蕊与花柱均伸出花冠筒外；子房顶端被短毛，柱头 2 裂。果实倒卵状球形，上半部被粗毛，直径约 2.5mm。花果期 8 11月。

分布与生境 见于三插溪、洋溪，生于海拔 300m 以下的山坡、沟谷岩石缝中。

保护价值 浙赣特有种，分布区狭窄，对于植物地理区系研究具有科学意义。开花量大，可用于点缀假山、石壁等。

保护与濒危等级 《中国生物多样性红色名录》无危（LC）。

146 绵穗苏

Comanthosphace ningpoensis（Hemsl.）Hand.–Mazz.

科　唇形科 Labiatae
属　绵穗苏属 *Comanthosphace*

形态特征　多年生直立草本,高 60~100cm。茎基部圆柱形,上部钝四棱形,除茎顶花序被白色星状茸毛外,余部近无毛。叶片卵圆状长圆形、阔椭圆形或椭圆形,长 7~18cm,宽 4~7cm,边缘具锯齿,幼时两面疏被星状毛,老时两面近无毛;叶柄长 0.4~1cm。穗状花序顶生,在茎顶常呈三叉状,花序轴、花梗及花的各部被白色星状茸毛;花冠淡红色至紫色,长约 7mm,内面近花冠筒中部有一不规则、宽大而密集的毛环。小坚果三棱状椭圆形,黄褐色,具金黄色腺点,长约 3mm。花期 8—10 月,果期 9—11 月。

分布与生境　见于上燕、黄桥,生于海拔 1200m 以下的山坡草丛及沟谷林下。

保护价值　中国特有种。全草入药,具有祛风发表、止血调经、消肿解毒之功效,主治感冒、头痛、瘫痪、劳伤吐血、崩漏、月经不调、痛经、疮痈肿毒等。

保护与濒危等级　《中国生物多样性红色名录》无危（LC）。

147 出蕊四轮香　出蕊汉史草

Hanceola exserta Y. Z. Sun

科　唇形科 Labiatae
属　四轮香属 *Hanceola*

形态特征　多年生草本,高30~100cm。根状茎匍匐横走。茎平卧上升,有时基部节上生须根,钝四棱形,具槽,幼时密被短细毛。叶对生;叶片卵形至披针形,长2~9cm,宽0.7~4.5cm,先端急尖或渐尖,基部渐狭下延至柄,边缘具锐锯齿,两面脉上有微柔毛,下面常带紫色,散布淡黄色小腺点;叶柄长0.5~5cm,具翅。聚伞花序具1~3花;花序梗长3~10mm;苞片披针形或线形,边缘具齿及缘毛;花萼长达3mm,萼齿三角形;花冠蓝紫色或淡紫红色,漏斗状管形,长2~2.5cm,花冠筒直,长1.6~1.9cm,上唇2裂,下唇较长,平展,裂片椭圆形;雄蕊伸出,前对较长,花丝二侧多少有微柔毛;花柱与花冠等长或稍长。小坚果卵圆形,长约2mm,黄褐色。花期9—10月,果期10—11月。

分布与生境　见于上芳香、左溪、三插溪、陈吴坑、岩坑、黄连山,生于草坡阴地及林下。

保护价值　中国特有种。花色艳丽,可作花境植物。

保护与濒危等级　《中国生物多样性红色名录》近危(NT)。

148　浙闽龙头草

Meehania zheminensis A. Takano, P. Li et G. H. Xia

科　唇形科 Labiatae
属　龙头草属 *Meehania*

形态特征　多年生草本,高 10~40cm。茎细弱,不具匍匐茎,幼嫩部分通常被短柔毛。叶片心形至卵状心形,长 2.8~4.5cm,宽 2~3.5cm,先端急尖至短渐尖,基部心形,边缘具圆齿,上面疏被糙伏毛,下面疏被柔毛,叶脉隆起,背面紫色,具下凹腺点。花通常成对着生于茎上部各节叶腋。花萼外面被微柔毛,上唇 3 裂,下唇 2 裂;花冠淡红色至紫红色,长约 3.8cm,脉上具长柔毛,其余疏被短柔毛,冠檐二唇形,上唇直立,2 浅裂,下唇增大,前伸,中裂片舌状,具紫红色斑块,顶端 2 浅裂,侧裂片较小,长圆形,长为中裂片的 1/3。小坚果长椭圆形,黑色,具纵肋,长约 3mm。花期 3—6 月,果期 6—7 月。

分布与生境　见于双坑口、垟岭坑,生于海拔 350~900m 的溪边林下、岩石上。

保护价值　浙闽特有种。本种与产于日本的高野山龙头草(*Meehania montis-koyae* Ohwi)为近缘种。分子系统学、种群遗传学和分子钟数据显示,这两个种在晚中新世分离,长时间地理隔离,已经独立进化至种级水平。

保护与濒危等级　《中国生物多样性红色名录》未予评估(NE)。

149　杭州石荠苧　　杭州荠苧、杭州荠苎

Mosla hangchowensis Matsuda

科	唇形科 Labiatae
属	石荠苧属 *Mosla*

形态特征　一年生草本,高50~60cm。茎多分枝,四棱形,被短柔毛及腺体。叶对生;叶片披针形,长1.5~4cm,宽0.5~1.3cm,边缘具疏锯齿,基部宽楔形,两面均被短柔毛及凹陷腺点;叶柄长0.5~1.4cm。顶生总状花序长1~4cm;苞片大,宽卵形或近圆形,长5~6mm,宽4~5mm,先端急尖或尾尖,背面具凹陷腺点,边缘具睫毛;花梗短,被短柔毛;花萼钟形,长约3.5mm,外被疏柔毛,萼齿5,披针形,下唇2齿略长;花冠紫红色,长约1cm,外面被短柔毛,冠檐二唇形,上唇微缺,下唇3裂,中裂片大,圆形,向下反折。小坚果球形,淡褐色,具深穴状雕纹,直径约2mm。花果期6—10月。

分布与生境　见于三插溪,生于山坡路旁、岩石缝。

保护价值　中国特有植物。花多而密集,呈紫红色,具有较高的观赏价值,可作花境植物。

保护与濒危等级　《中国生物多样性红色名录》近危(NT)。

150 云和假糙苏

Paraphlomis lancidentata Y. Z. Sun

科　唇形科 Labiatae
属　假糙苏属 *Paraphlomis*

形态特征　多年生直立草本,高20~50cm。茎单一,不分枝,四棱形,具深沟槽,上部有微柔毛。叶对生;叶片宽披针形至披针形,长6.5~16cm,宽2~5cm,先端长渐尖,基部楔形,下延至叶柄,上面疏生长硬毛,下面脉上有极短细柔毛,边缘具牙齿状锯齿;叶柄长1~4cm。轮伞花序腋生;花萼管形,长8~9.5mm,具明显10脉,萼齿披针状三角形,先端尖锐;花冠淡黄色,长16~19.5mm,外面密被长柔毛,花冠筒内面下部有毛环,上唇长圆形,长5~6mm,全缘,下唇宽倒卵形,长5~6mm,中裂片倒心形,长约3mm,先端微凹,侧裂片卵形,全缘。小坚果倒卵状三棱形,黑褐色,长约2mm。花期6月,果期7月。

分布与生境　见于白云尖、金刚厂、岭北,生于阴坡上及沟边。

保护价值　浙江特有种。本种分布区狭窄,数量稀少,对唇形科的系统发育具有一定的研究价值。

保护与濒危等级　《中国生物多样性红色名录》近危(NT)。

151 广西地海椒 日本地海椒

Archiphysalis kwangsiensis Kuang

科 茄科 Solanaceae
属 地海椒属 *Archiphysalis*

形态特征 直立灌木,高 0.5~1.5m。茎二歧分枝,枝条略粗壮,多曲折。叶互生;叶片草质,阔椭圆形或卵形,长 3~7cm,宽 2~4cm,顶端短渐尖,基部歪斜、圆形或阔楔形,变狭而成长 0.5~1cm 的叶柄,边缘有少数牙齿,稀全缘而波状,两面几无毛,侧脉 5~6 对。花 2~3 朵簇生于叶腋;花黄白色;花萼在果时膀胱状膨大,俯首状下垂,球状卵形,长 1.5~2cm,直径 1.2~1.6cm,具 10 纵向的翅,翅具三角形牙齿,基部圆,顶端逐渐缢缩,顶口张开。浆果单独生或 2 个近簇生,球状,远较果萼小;果梗细瘦,弧状弯曲,长 1.5~1.8cm。种子浅黄色。花果期 7—11 月。

分布与生境 见于陈吴坑,生于山坡林下或路旁草丛中。温州市新记录。

保护价值 中国—日本间断分布种,对植物地理区系研究具有一定的价值。果形奇特,可盆栽供观赏。

保护与濒危等级 《中国生物多样性红色名录》易危(VU)。

152 江西马先蒿

Pedicularis kiangsiensis Tsoong et S. H. Cheng

科　玄参科 Scrophulariaceae
属　马先蒿属 *Pedicularis*

形态特征　多年生草本,高70~80cm。茎直立,紫褐色,有2条被毛的纵浅槽,上部具明显的棱。叶假对生,茎顶部叶常互生,具长柄;叶片长卵形至披针状长圆形,羽状浅裂至深裂;叶柄长1~2.5cm。花序总状而短,生于主茎与侧枝顶端;苞片叶状,具柄;萼狭卵形,长7mm,被腺毛,齿2枚,宽三角形,顶端具刺尖;花冠管稍在萼内向前弓曲,由萼管裂口斜伸而出,长12mm,喉部稍稍扩大;雄蕊花丝2对,均无毛;柱头头状,自盔端伸出。花期8—9月,果期9—11月。

分布与生境　见于白云尖,生于山沟阴坡岩石上或阴湿处,或山顶阴处灌丛边缘。

保护价值　中国特有植物。花形奇特,花色鲜艳,具有很高的观赏价值;对马先蒿属的系统演化具有重要的科研价值。

保护与濒危等级　《中国生物多样性红色名录》易危(VU)。

153 温州长蒴苣苔

Didymocarpus cortusifolius（Hance）H. Lév.

科　苦苣苔科 Gesneriaceae
属　长蒴苣苔属 *Didymocarpus*

形态特征　多年生草本。具粗根状茎。叶 4~6 枚,基生;叶片纸质,卵圆形或近圆形,长 4.6~10cm,宽 3.2~9cm,基部心形,边缘浅裂,有不整齐小牙齿,上面被密柔毛,下面疏被短柔毛,沿脉还有锈色长柔毛,基出脉 3 条,侧脉每侧 2 条;叶柄密被展开的锈色长柔毛。花序 1~2 次分枝,具 2~10 花;花序梗与花梗被锈色长柔毛和短腺毛;苞片对生,卵形或椭圆形,被柔毛;花萼钟状,外面被短柔毛及短腺毛,内面疏被短伏毛,5 浅裂,裂片卵状三角形;花冠白色,长 2.4~3cm,外面被短柔毛,内面近无毛或散生短柔毛,上唇 2 裂,下唇 3 裂;子房密被短柔毛。蒴果线形,被短柔毛。花果期 5—8 月。

分布与生境　见于黄桥,生于山地石壁上。

保护价值　浙江特有种,已知分布于温州、台州等市局部山区,数量稀少。本种花色淡雅,可用于点缀墙壁、假山、石壁等处。

保护与濒危等级　《中国生物多样性红色名录》未予评估(NE)。

154 温氏报春苣苔

Primulina wenii Jian Li et L. J. Yan

科　苦苣苔科 Gesneriaceae
属　报春苣苔属 *Primulina*

形态特征　多年生草本。叶基生，4~6枚，叶柄扁平，长1.9~2.5cm，密生柔毛；叶片椭圆形至宽卵形，长10~20cm，宽7~14cm，顶端圆钝，基部楔形下延，边缘具不整齐锯齿，两面密被柔毛；侧脉6~8。聚伞花序腋生，有3~7朵花或更多，花梗长8~10cm，密被直立短柔毛；苞片3；花萼5深裂，裂片披针形，长14~15mm，外侧密被白色柔毛，内侧被少量短柔毛至光滑；花冠外侧淡蓝紫色，长约3.2cm，外面和内面均被白色柔毛，喉部2个紫色斑纹，筒长约2.8cm，檐部直径约1.7cm。花冠二唇形，上唇2浅裂，下唇3裂；雄蕊2，在花冠基部上方1.2cm处着生，花丝白色，光滑，花药肾形；退化雄蕊3，两侧的2枚在花冠基部上方1cm处着生；雌蕊长2.3cm，密被白色柔毛，柱头不规则四方形，2裂或不规则裂。蒴果长约5cm，笔直或稍弯曲，被毛。花果期4—6月。

分布与生境　见于三插溪，生于海拔210m左右的溪边林下岩石上。

保护价值　中国特有种。2017年正式发表的新种，是近年发现于乌岩岭的浙江新记录植物。

保护与濒危等级　《中国生物多样性红色名录》未予评估（NE）。

155 台闽苣苔

Titanotrichum oldhamii（Hemsl.）Soler.

科　苦苣苔科 Gesneriaceae
属　台闽苣苔属 *Titanotrichum*

形态特征　多年生草本,高20~45cm。茎直立,有4条纵棱。叶对生,同一对叶不等大,有时互生;叶片草质或纸质,长圆形、椭圆形或狭卵形,长5~24cm,宽3~10cm,顶端渐尖或急尖,基部楔形或宽楔形,边缘有牙齿,两面疏被短柔毛;叶柄0.3~5.8cm,被短柔毛。能育花的花序总状,顶生,长10~15cm;苞片披针形;小苞片生于花梗基部,线形或狭披针形;不育花的花序似穗状,长约26cm;花萼5裂达基部,宿存,裂片披针形,有3条脉;花冠黄色,裂片有紫斑,长3~4cm;筒部筒状漏斗形;上唇2深裂,下唇3裂,裂片近圆形。蒴果褐色,卵球形。花期8—9月,果期10—11月。

分布与生境　见于竹里、金竹坑,生于山坡竹林下或山谷阴湿处。

保护价值　东亚特有种,间断分布于中国福建、浙江、台湾,以及日本,对于植物地理区系、系统发育等研究具有重要价值。花序粗大,颜色鲜黄,具有较高的观赏价值,可用于溪流、池塘等湿地美化。

保护与濒危等级　浙江省重点保护野生植物。《中国生物多样性红色名录》近危(NT)。

156 香果树 大叶水桐子

Emmenopterys henryi Oliv.

科　茜草科 Rubiaceae
属　香果树属 *Emmenopterys*

形态特征　落叶乔木,高 15~30m。树皮灰褐色。小枝红褐色,圆柱形,具皮孔。叶对生;叶片宽椭圆形至宽卵形,长 10~20cm,宽 7~13cm,顶端急尖或短渐尖,基部圆形或楔形,全缘,上面无毛或疏被糙伏毛,下面被柔毛或仅沿脉上被柔毛,侧脉 5~9 对;叶柄长 2~5cm,有柔毛,常带紫红色;托叶角状卵形,早落。聚伞花序组成顶生的大型圆锥状花序;花芳香,花梗长约 4mm;花萼长约 5mm,裂片宽卵形,具缘毛,变态的叶状萼裂片白色、淡红色或淡黄色,匙状卵形或宽椭圆形,长1.5~8cm,宽 1~6cm,结实后仍宿存;花冠漏斗形,黄白色,长 2~2.5cm,被茸毛。蒴果近纺锤形,长 2.5~5cm。种子多数,有阔翅。花期 6—8 月,果期 8—11 月。

分布与生境　见于双坑口、金刚厂、上芳香、芳香坪、岭北、小燕,生于山谷林中,喜湿润而肥沃的土壤。

保护价值　中国特有种。秋色叶树,树体高大,花美叶秀,嫩叶常带红色,是一种珍贵的庭院观赏树种,英国植物学家威尔逊把它誉为"中国森林中最美丽动人的树"。树皮纤维柔细,是制蜡纸及人造棉的原料。木材纹理直,结构细,供制家具和建筑用。根和树皮可入药,具有温中和胃、降逆止呕的功效。

保护与濒危等级　国家二级重点保护野生植物。《中国生物多样性红色名录》近危(NT)。

157 浙南茜草

Rubia austrozhejiangensis Z. P. Lei, Y. Y. Zhou et R. W. Wang

科 茜草科 Rubiaceae
属 茜草属 *Rubia*

形态特征 多年生攀援草本。茎细弱,圆柱形,光滑无毛,无倒生皮刺。叶4片轮生,通常1对较大,另1对较小。基部叶干燥时薄纸质,长卵形,长3.5~7cm,宽2~3.5cm,顶端骤尖,基部心形,全缘,上面黄绿色,下面浅绿色,两面粗糙;基出脉3~5条;叶柄长5~20mm;中部和上部叶长卵形至卵状披针形,长2~6cm,宽0.5~2cm,顶端渐尖或尾尖,基部圆形,很少心形,全缘,上面黄绿色,下面浅绿色,两面粗糙;基出脉3~5条;叶柄长1~5(~13)cm。圆锥状聚伞花序顶生或腋生,等长或长于叶片;花量多;苞片线状披针形,长2~3mm;花冠黄绿色,冠管长1mm,裂片5;雄蕊5,花丝等长,长约1mm,花药椭圆形,黄色。浆果成熟黑色,双球形,直径3~4mm。花期9月,果期11—12月。

分布与生境 见于乌岩岭、小燕,生于海拔350~800m的溪边林下或林缘。

保护价值 浙闽特有种,2013年正式发表,模式产地泰顺乌岩岭,目前仅分布于浙江南部和福建北部局部山区。

保护与濒危等级 《中国生物多样性红色名录》未予评估(NE)。

158 浙江雪胆

Hemsleya zhejiangensis C. Z. Zheng

科　葫芦科 Cucurbitaceae
属　雪胆属 *Hemsleya*

形态特征　多年生攀援草本。块茎膨大,扁球形。茎和小枝细弱,疏被短柔毛,节上毛较密。卷须先端二歧。鸟足状复叶,具 4~9 小叶,通常 5 小叶;小叶片椭圆状披针形,中央小叶片长 6~11cm,宽 2~3.5cm,两侧渐小,先端渐尖,具小尖突,基部渐狭,边缘疏锯齿状,上面深绿色,下面灰绿色,疏被短柔毛,两面沿中肋及侧脉疏被小刺毛。雌雄异株。雄花:组成聚伞圆锥花序,花序轴曲折;花冠浅黄色,扁球形,直径 0.8~1cm。雌花:组成稀疏聚伞总状花序,花冠淡黄色,直径约 1.5cm。果实长棒形,长 11~17cm,直径 2~2.5cm,具 10 条纵纹。种子暗棕色,长圆形,周生厚木栓质翅,密布皱褶。花期 5—9 月,果期 8—11 月。

分布与生境　见于双坑口、垟岭坑、上芳香、叶山岭、左溪,生于山谷灌丛和竹林下。

保护价值　浙江特有种,模式产地泰顺乌岩岭。同属产自云南的近缘种,块根均以"罗锅底"入药,含四环三萜苦味素、雪胆皂苷等化学成分,对多种杆菌有抑制作用,有解热解毒、健胃止痛的功效,对慢性支气管炎、溃疡病有良好疗效。

保护与濒危等级　浙江省重点保护野生植物。《中国生物多样性红色名录》近危(NT)。

159 钮子瓜 野杜瓜

科 葫芦科Cucurbitaceae
属 马㼐儿属*Zehneria*

Zehneria maysorensis（Wight et Arn.）Arn.

形态特征 多年生草质藤本。茎、枝细弱,近无毛;卷须单一。叶片膜质,宽卵形,稀三角状卵形,长、宽各3~5cm,先端尖,基部弯缺,上面被短糙毛,下面近无毛,边缘有齿,脉掌状;叶柄长2~5cm。雄花:常3~9朵排成近头状或伞房状花序,花序梗长1~4cm;花梗长1~2mm;花萼筒宽钟状,长2mm,宽1~2mm,裂片狭三角形,长0.5mm;花冠白色,裂片卵形或卵状长圆形,长2~2.5mm,先端近急尖,上部常被柔毛;花丝长2mm,被短柔毛,花药卵形。雌花:单生;子房卵形。果梗粗短,长0.5~1cm;果实球状或卵球状,直径1~1.4cm,浆果状,成熟时呈灰白色。种子卵状长圆形,扁压,平滑,边缘稍拱起。花期4—8月,果期8—11月。

分布与生境 见于竹里,生于海拔200m以下的林缘或山坡路旁潮湿处。

保护价值 全草或根入药,味甘性平,具有清热解毒、镇痉、通淋之功效,用于治疗发热、惊厥、头痛、咽喉肿痛、疮疡肿毒、淋证等。

保护与濒危等级 《中国生物多样性红色名录》未予评估(NE)。

160 长圆叶兔儿风

Ainsliaea kawakamii Hayata var. *oblonga* (Koidz.) Y. L. Xu et Y. F. Lu

科　菊科 Asteraceae
属　兔儿风属 *Ainsliaea*

形态特征　多年生草本,高 30~60cm。地上茎直立,密被长柔毛或脱落;根状茎短,须根极密。叶聚生于茎的中部,通常离基 13~25cm;叶片纸质,长圆形至披针形,长 5~8cm,宽 1.5~3cm,顶端长渐尖,具突尖头,基部狭楔形,下延,边缘具芒状细齿,两面疏被褐色长柔毛;基出脉 3 条,中脉基部的 1 对侧脉弧形上升于中部网结,中脉中部的 1 对侧脉明显,向上几达顶部;叶柄长 1.5~3.5cm。头状花序具 3 朵小花,在茎顶排成长穗状,稀为圆锥状;总苞圆筒形,直径 3~4mm;总苞片 6 层;花全部两性,白色。瘦果圆柱形,密被粗毛;冠毛 1 层,污黄色,羽毛状。花果期 8—11 月。

分布与生境　见于乌岩岭、黄桥,生于山坡或山谷林下。

保护价值　中国特有种,分布区狭窄。花序直立,花形奇特,可作为盆栽观赏植物。

保护与濒危等级　《中国生物多样性红色名录》未予评估(NE)。

161　铜铃山紫菀　浙闽紫菀

Aster tonglingensis G. J. Zhang et T. G. Gao

科　菊科 Asteraceae
属　紫菀属 *Aster*

形态特征　多年生草本,高70~100cm。根状茎粗壮,稍木质;地上茎直立,下部光滑,上部被微柔毛。叶片薄革质,正面密被毛,背面无毛,中脉和侧毛突出;基生叶莲座状,叶片披针形,长4~18cm,宽0.8~2.5cm,先端急尖,基部渐狭,边缘有锯齿,叶柄长3~10cm;茎生叶向上渐小,叶片全缘或有锯齿。头状花序多数,1~5个在枝端或叶腋排列成伞房状,苞叶多数;总苞钟状,直径0.5~0.8cm;总苞片5~7层,披针形,绿色,外层较短,先端急尖,向外反折,上部密被微柔毛,具缘毛。缘花舌状,舌片白色,先端2或3齿;盘花管状,绿白色至黄色,裂片5,不等长。瘦果狭长圆球形,长约2mm,被微柔毛;冠毛1层,白色,具短糙毛。花果期7—8月。

分布与生境　见于二插溪,生于海拔650m以下的沟谷溪边岩石上或草丛中。

保护价值　浙闽特有种,2019年正式发表,模式标本采自文成铜铃山,目前仅分布丁浙江南部和福建北部。

保护与濒危等级　《中国生物多样性红色名录》未予评估(NE)。

162　长花帚菊

Pertya glabrescens Sch.-Bip.

形态特征　半灌木,高 1~1.5m。茎细长,多分枝,灰褐色,被短柔毛。长枝上的叶多数,稀疏互生,叶片卵形,长 2.5~3.5cm,先端急尖,基本近圆形,边缘具小短尖齿,基出 3 脉,近无柄;短枝上的叶 3~4 片簇生,叶片椭圆形,大小变化较大,两端渐狭,边缘具牙齿,齿端具小短尖。头状花序单一,具短梗,顶生;总苞狭钟状,长约 1.2cm;总苞片 7 层,顶端钝,具小突尖;花全为管状,约 13 朵花,白色。瘦果长圆形,长约 5.5mm,具 10 条纵棱,被白色粗伏毛;冠毛刚毛状,红褐色。花期 10—11 月。

分布与生境　见于白云尖,生于山谷溪滩边。

保护价值　中国和日本间断分布种,对帚菊属的系统演化和植物地理区系研究具有重要的科研价值。

保护与濒危等级　《中国生物多样性红色名录》濒危(EN)。

163　多枝霉草

Sciaphila ramosa Fukuyama et Suzuki

科　霉草科 Triuridaceae
属　喜荫草属 *Sciaphila*

形态特征　多年生腐生草本。全体淡红色,无毛。根较少,具稍密的长柔毛。茎纤细、直立,圆柱形,常分枝,连同花序高 4~8cm。叶稀少,鳞片状,披针形,长 1~2mm,先端具短尖。花序总状或排成圆锥状;花梗斜展或稍直立,长 3~5mm;苞片长 1.5~2mm;花被片 6,裂片几相等,卵形或卵状披针形,长约 0.7mm,先端具短尖;雄花位于花序上部,雄蕊 2~3,几无花丝;雌花子房多数,堆集成球形,子房倒卵形,呈瘤状突起;花柱自子房顶端伸出,线形,远超过子房。菁葖果倒卵形,稍弯曲,长约 0.7mm,顶端圆,基部具喙状刺。花期 5—7 月,果期 8—9 月。

分布与生境　见于竹里、里光溪,生于毛竹林下。

保护价值　中国特有种,分布区狭窄,已知仅分布于台湾、香港和浙江,对腐生植物的生物学特征、代谢方式、植物地理区系等有研究价值。

保护与濒危等级　《中国生物多样性红色名录》濒危(EN)。

164 大柱霉草

Sciaphila megastyla Fukuyama et Suzuki

科　霉草科 Triuridaceae
属　喜荫草属 *Sciaphila*

形态特征　多年生腐生草本,连同花序高 5~12cm。全体淡红色,无毛。根多数,纤细而稍成束,具稀疏柔毛。茎坚硬,直立,不规则左右曲折,具棱,不分枝。叶互生,少数;叶片鳞片状,卵状披针形,长 2~4mm,先端具短尖或微凹。总状花序短而直立,具 3~9 疏松排列的花;花梗稍上弯,长 1~3mm;苞片长 1~3mm;花被 6 裂,裂片钻形,长 2~3mm;雄花位于花序上部,雄蕊 2 或 3,近无梗;雌花具多数堆集成球形的倒卵形子房,呈乳突状,长约 0.5mm;花柱近基生,棍棒状,超过子房。蓇葖果倒卵形,长约 1mm,先端圆,上部多疣。花期 6—7 月,果期 8—9 月。

分布与生境　见于竹里、里光溪,生于山坡毛竹林下。

保护价值　中国特有种,分布区较狭窄,已知分布于江西、福建、台湾、浙江、广东、广西,对腐生植物的生物学特征、代谢方式、植物地理区系等有研究价值。本种果实似"杨梅",具一定的观赏价值。

保护与濒危等级　《中国生物多样性红色名录》未予评估(NE)。

165 方竹 四方竹

Chimonobambusa quadrangularis（Fenzi）Makino

科 禾本科 Gramineae
属 寒竹属 *Chimonobambusa*

形态特征 秆高 3~6m，直径 1~4cm，基部节间长 8~22cm。秆呈方形，新秆密被黄褐色小刺毛，后脱落，留下疣基；秆环隆起，箨环初时具小刺毛，秆中部以下各节有围成环状的刺状气根。箨鞘厚纸质至革质，短于节间，无毛或有时在中上部疏生小刺毛，边缘有纤毛，小横脉紫色，呈明显的方格状；箨耳及箨舌均不发达；箨片微小，呈锥形，长 0.3~0.5cm。每节分枝初为 3 枚，以后增多成簇生，枝环极为突起。叶鞘口毛直立；叶片薄纸质，狭披针形，长 8~29cm，宽 1~2.7cm，下面初具柔毛。笋期秋冬季。

分布与生境 见于保护区低海拔各地，生于山坡路边、林下。

保护价值 常绿灌木，是传统观赏竹种，秆形奇特，枝叶密集，飘逸秀雅。竹材坚韧，宜制作手杖等工艺品。笋肉鲜美，可食用。

保护与濒危等级 浙江省重点保护野生植物。《中国生物多样性红色名录》无危（LC）。

166 日本小丽草

Coelachne japonica Hack

科　禾本科 Gramineae

属　小丽草属 *Coelachne*

形态特征　一年生草本,高6~20cm。秆纤细,基部分枝,伏卧或斜生。节上有展开的短柔毛。叶软草质,正面有短糙毛,背面无毛,披针形,先端短渐尖,长0.5~2.5cm,宽3~5mm,基部稍圆形,扁平,上面具隆起的脉。叶鞘短,上端附近有散生的短毛,全缘或有极浅的小齿;叶舌纤毛状。圆锥花序顶生,由10多个小分枝组成,长20~65mm,宽1~2.5cm,分枝疏散,展开,生有1~4个小穗。小穗通常淡绿色,长2.8~3mm,小穗柄长0.8~7mm,具2小花。颖宿存,膜质,脉上被数根糙毛,干后脱落,先端圆钝,第1颖长约0.8mm,具3脉,第2颖长约1.3mm,具5脉。稃卵形,先端尖,外稃长约2.2mm,具不明显的1脉,基部和边缘具数根柔毛,干后脱落,内稃具2脉,背部凹陷,无毛,长约2mm。雄蕊2枚,花药长约0.2mm,椭圆形。颖果卵形,长约1mm,平滑,具光泽,琥珀褐色。花果期8—10月。

分布与生境　见于上燕,生于海拔960m左右的沼泽湿地。

保护价值　中国、日本间断分布植物,分布区狭窄,具有科学研究价值。2017年发表的中国新记录植物,标本采自乌岩岭。

保护与濒危等级　《中国生物多样性红色名录》未予评估(NE)。

167 薏苡 菩提子

Coix lacryma-jobi L.

科	禾本科 Gramineae
属	薏苡属 *Coix*

形态特征 多年生草本。秆粗壮,直立,高 1~1.5m,多分枝。叶鞘光滑,上部者短于节间;叶舌质硬,长约 1mm;叶片线状披针形,长 20~30cm,宽 1~3cm,先端渐尖,基部近心形,中脉在下面突起。总状花序多数,成束生于叶腋,长 5~8cm,具花序梗;小穗单性;雌小穗长 7~10mm,总苞骨质,念珠状,圆球形,光滑;雌蕊具长花柱,柱头分离;无柄雄小穗长 6~8mm;有柄雄小穗与无柄雄小穗相似,但较小或退化;颖草质,第 1 颖具 10 脉,扁平,两侧内折成脊而具不等宽之翼,先端钝,多脉,第 2 颖舟形,具多脉;外稃与内稃均为膜质,第 1 外稃略短于颖,内稃缺,第 2 外稃稍短于第 1 外稃,具 3 脉,具 3 枚退化雄蕊;雄蕊 3 枚,花药黄褐色,长 4~5mm。花果期 7—10 月。

分布与生境 见于三插溪,生于海拔 500m 以下的田边水沟或池塘边草丛。

保护价值 茎、叶可造纸;总苞晾干制成念珠,供装饰用。

保护与濒危等级 浙江省重点保护野生植物。《中国生物多样性红色名录》无危(LC)。

168 日本麦氏草 拟麦氏草、沼原草

Molinia japonica Hack.

科 禾本科 Gramineae
属 麦氏草属 *Molinia*

形态特征 多年生草本。秆单生，高60~100cm，直径约2mm。叶鞘长于节间，基生叶鞘被茸毛；叶舌密生1圈白柔毛；叶片长30~60cm，宽7~15mm，中脉在下面隆起，有横脉，上下反转，多少具柔毛，粉绿色。圆锥花序展开，长20~30cm，分枝粗糙，多枚簇生，斜上，腋间生柔毛；小穗含3~5小花，长8~12mm，黄色；颖披针形，顶端稍尖，具3脉，第1颖长2~4mm，第2颖长3~5mm；外稃厚纸质，背部圆，具3脉，顶端短尖，无芒，长5~7mm，向上小花渐小，基盘具长1~2mm的柔毛；内稃脊上具微纤毛；雄蕊3，花药长约2mm。花果期7—10月。

分布与生境 见于白水漈、上燕，生于海拔600~1200m的山坡林下或山脊灌丛。

保护价值 东亚特有种。本种可作为地被植物，用于草坪、路侧、林下、湿地、坡地、岩面等处绿化美化。

保护与濒危等级 《中国生物多样性红色名录》近危（NT）。

169 高氏薹草 高氏苔草

Carex kaoi Tang et F. T. Wang ex S. Yun Liang

科	莎草科 Cyperaceae
属	薹草属 *Carex*

形态特征 多年生草本。根状茎短,木质。秆侧生,高 7~13cm,扁三棱形,弯曲,基部具 3~4 枚无叶片的叶鞘。叶远长于秆,宽 10~15mm,基部对折,边缘粗糙,先端渐狭。苞片短叶状,具鞘;小穗 3~4 个,彼此靠近,具小穗柄;顶生小穗雄性,棍棒状,长 5~7mm;侧生小穗 2~3 个,雌性,卵形,长 10mm,宽 7mm,花稀疏;雌花鳞片披针状宽卵形,黄白色,背面 3 脉绿色,延伸成芒尖。果囊长于鳞片,菱形,长 7~8mm,黄绿色,无毛,具多数脉,上部渐狭成长喙,喙口具 2 齿。小坚果紧包于果囊中,菱状椭圆球形、三棱形,长 5mm,基部渐狭成稍弯的柄,中部棱上缢缩,下部棱面凹陷,先端急缩成直喙,顶端稍膨大;花柱基部稍增粗;柱头 3。花果期 3—5 月。

分布与生境 见于双坑口、黄桥,生于海拔 450~800m 的路边、草丛或林下。

保护价值 中国特有种,已知分布于广东北部和浙江南部,资源稀少。

保护与濒危等级 《中国生物多样性红色名录》近危(NT)。

170 毛鳞省藤
Calamus thysanolepis Hance

科　棕榈科 Palmae
属　省藤属 *Calamus*

形态特征　常绿灌木,高 2~4m。茎直立或平卧,常以叶轴的皮刺作攀援状。叶片一回羽状全裂,长 20~35cm,宽 1.5~2cm,裂片常 2~6 成束聚生于叶轴上;叶轴三棱形,有扁皮刺或小针刺;叶柄下部近圆柱形,上部三棱形,疏被强壮的直刺。花单性,雌雄异株,排成分枝的肉穗花序,每一分枝约有 9 小穗状花序,花序轴"之"字形弯曲;雄花萼片合生,花瓣镊合状排列,雄蕊 6;雌花萼片与雄花相似,退化雄蕊 6,3 心皮合生,子房不完全 3 室。坚果球形,外被多数覆瓦状排列的鳞片。花期 7—8 月,果期 10—12 月。

分布与生境　见于寿泰溪,生于海拔 300m 以下的山坡、溪沟边林中或岩石缝中。

保护价值　藤茎质地柔韧,可供编织各种藤器、家具,是手工业的重要原料。浙江南部是本种的分布北缘,对省藤属的地理区系研究具有科研价值。

保护与濒危等级　浙江省重点保护野生植物。《中国生物多样性红色名录》无危(LC)。

171　盾叶半夏

Pinellia peltata C. Pei

科　天南星科 Araceae
属　半夏属 *Pinellia*

形态特征　多年生草本。块茎近球形,直径 1~2.5cm。叶 2~3,叶柄长 20~35cm;叶片盾状着生,深绿色,卵形或长圆形,长 10~25cm,宽 5.5~12cm,先端渐尖或短渐尖,基部心形,全缘。花序梗长 7~15cm;佛焰苞黄绿色,管部卵圆形,长约 8mm,檐部展开,长 3~4cm,宽 5~8mm,先端钝;雌花序长 5mm,花密,雄花序长约 6mm;附属物长约 10cm,向上渐细。浆果卵圆形,顶端尖。花果期 5—8 月。

分布与生境　见于里光溪、左溪、叶山岭、黄桥、三插溪、黄连山、溪斗、寿泰溪,生于海拔约 900m 以下的溪沟边湿地或岩壁石缝中。

保护价值　浙闽特有种,在研究植物地理区系及该属的系统演化方面有一定的价值。块茎入药,有燥湿化痰、降逆止呕、消痞散结的功效。本种叶片盾状着生,耐水湿,可用于湿地美化。

保护与濒危等级　《中国生物多样性红色名录》易危(VU)。

172 长苞谷精草

Eriocaulon decemflorum Maxim.

科　谷精草科 Eriocaulaceae
属　谷精草属 *Eriocaulon*

形态特征　多年生草本,高 10~30cm。叶丛生;叶片宽条形或条形,长 5~11cm,宽 1~2mm,具横脉。头状花序倒圆锥形,直径 4~5mm;花序梗长 6~22cm,有 4~5 纵沟;总苞片约 14 片,长椭圆形,长 3.5~6mm,显著长于花,先端急尖;苞片倒披针形,先端尖,背面生白短毛;花序托无毛或有毛;雄花萼片 2,披针形,基部合生成柄状,花瓣 2,雄蕊 4;雌花萼片 2,披针形,离生,上部有毛,花瓣 2,子房 2室,有时仅 1室发育,柱头 2。种子近球形。花果期 8—10 月。

分布与生境　见于乌岩岭、上燕、岭北、碑排,生于路边、溪旁湿地、田间。

保护价值　谷精草属植物具有较高的药用价值,研究显示谷精草属中的黄酮类化合物具有抗菌、抗氧化等药理活性,常用于治疗风热目赤肿痛、眼生翳膜、风热头痛等。

保护与濒危等级　《中国生物多样性红色名录》易危(VU)。

173 云南大百合　大百合

Cardiocrinum giganteum（Wall.）Makino var. yunnanense（Leichtlin ex Elwes）Stearn

科　百合科 Liliaceae

属　大百合属 *Cardiocrinum*

形态特征 多年生高大草本。茎直立,中空,高1~2m,直径2~3cm,无毛。叶纸质,网状脉;基生叶卵状心形或近宽矩圆状心形,茎生叶卵状心形,下面的长15~20cm,宽12~15cm,向上渐小,靠近花序的几枚为船形,叶柄长15~20cm。总状花序有花10~16朵,苞片早落;花狭喇叭形,白色,里面具淡紫红色条纹;花被片条状倒披针形,长12~15cm,宽1.5~2cm;雄蕊长6.5~7.5cm,花药长椭圆形;子房圆柱形,长2.5~3cm,宽4~5mm,花柱长5~6cm,柱头膨大,微3裂。蒴果近球形,长3.5~4cm,宽3.5~4cm,顶端有1小尖突,基部有粗短果柄,3瓣裂。种子呈扁钝三角形,红棕色,周围具半透明的膜质翅。花期6—7月,果期9—10月。

分布与生境 见于左溪、碑排,生于山坡、沟谷乱石堆中。温州市新记录。

保护价值 鳞茎供药用,具清热止咳、宽胸利气的功效,用于治疗咳嗽痰喘、小儿高热、胃痛、呕吐等。叶大亮绿,花大洁白,可作花境、湿地美化、观花地被、切花及盆栽。

保护与濒危等级 《中国生物多样性红色名录》近危(NT)。

174 **深裂竹根七** 竹根假万寿竹

Disporopsis pernyi（Hua）Diels

科 百合科 Liliaceae
属 竹根七属 *Disporopsis*

形态特征 多年生草本,高10~45cm。根状茎常接近地面,绿色,圆柱形,直径3~10mm;地上茎不分枝,具紫色斑点。叶互生;叶片厚纸质,长圆状披针形至卵状椭圆形,长3~10cm,宽1~4cm,先端渐尖或近尾状,基部圆钝至略带心形,两面无毛;叶柄长3~5mm。花单生或2朵簇生于叶腋,白色或黄绿色,钟形,长10~15mm,俯垂;花梗长8~15mm;花被片中部以下合生,裂片近长圆形,副花冠裂片膜质,与花被裂片对生,长圆形,长约为花被裂片一半,先端2深裂;雄蕊着生于花被筒的喉部、副花冠裂片先端的凹缺处,花药长圆形,长1~2mm;花柱短于子房。浆果近球形,直径7~10mm,成熟时呈暗紫色或蓝紫色。种子1~4。花期4—6月,果期9—12月。

分布与生境 见于垟岭坑,生于山坡林下阴湿处或沟边。

保护价值 中国特有种。根状茎入药,具有益气健脾、养阴润肺、活血舒筋的功效,主治产后虚弱、小儿疳积、阴虚咳嗽、多汗、口干、跌打肿痛、风湿疼痛、腰痛等。

保护与濒危等级 《中国生物多样性红色名录》无危(LC)。

175　南投万寿竹

Disporum nantouense S. S. Ying

科　百合科 Liliaceae

属　万寿竹属 *Disporum*

形态特征　多年生草本,高 15~60cm。根状茎匍匐;地上茎不分枝或上部有 1~5 个分枝。叶互生;叶片纸质,披针形至卵形,长 5.5~8.5cm,宽 0.9~3cm,先端渐尖至锐尖,基部圆形;叶脉 3 条,明显;叶柄 0.3~2.5mm。花序顶生,具 1~3 朵花;花梗长 0.9~2.1cm;花管状至钟状;花被乳白色,基部具有紫色斑点,顶部黄绿色,带紫色斑点,长 1.5~2.2cm,宽 2.5~8mm,边缘有乳头状突起,基部有长 1.2~1.5mm 的距;雄蕊内藏,长 1~1.7cm,花药长 2~3.5mm;子房长 2~3.5mm。浆果近球形,直径 7.8~9.2mm。种子棕色,直径 3mm。花期 4—5 月,果期 7—9 月。

分布与生境　见于三插溪,乌岩岭,生于海拔 450~860m 的溪边林下。

保护价值　中国特有种。2020 年发表的中国大陆新记录植物,标本采自乌岩岭。

保护与濒危等级　《中国生物多样性红色名录》无危(LC)。

176 **华重楼** 七叶一枝花

Paris polyphylla Sm. var. *chinensis*（Franch.）Hara

科 百合科 Liliaceae
属 重楼属 *Paris*

形态特征 多年生草本,高100~150cm。全体无毛。根状茎粗壮,直径达1~2.5cm,外面棕褐色,密生多数环节和须根。茎通常带紫红色,基部具鞘。叶常6~10枚轮生于茎顶;叶片长圆形、倒卵状长圆形或倒卵状椭圆形,长7~20cm,宽2.5~8cm,先端短尖或渐尖,基部圆形或宽楔形;叶柄长0.5~3cm。花单生于茎顶;外轮花被片叶状,披针形;内轮花被片宽线形,通常比外轮长,具长0.5~3cm的叶柄;雄蕊基部稍合生,花丝长4~7mm,花药宽线形,远长于花丝;子房4~7室,具棱,顶端具盘状花柱茎,花柱分枝4~7。蒴果近圆形,暗紫色,直径1.5~2.5cm,具棱,3~6瓣裂开。种子多数,具红色肉质的外种皮。花期4—6月,果期7—10月。

分布与生境 见于双坑口、垟岭坑、高岱源、上芳香、库竹井、石角坑、石鼓背、双坑头、小燕、陈吴坑、碑排,生于海拔950m以下的山坡林下或沟边草丛。

保护价值 中国特有种。著名中药材,具有清热解毒、消肿止疼、息风定惊、平喘止咳等功效,用于治疗毒蛇咬伤、乳腺炎、跌打伤痛等;现代研究表明,华重楼还具有抗肿瘤、抗菌消炎、止血以及免疫调节作用。花形独特,奇异美丽,蒴果开裂后露出鲜红的种子,耀眼夺目,可作地被植物、花境材料及庭院观赏植物。

保护与濒危等级 国家二级重点保护野生植物。《中国生物多样性红色名录》易危（VU）。

177　狭叶重楼

Paris polyphylla Sm. var. *stenophyllla* Franch.

科　百合科 Liliaceae
属　重楼属 *Paris*

形态特征　多年生草本,高 100~150cm。根状茎粗壮,直径达 1~2.5cm,外面棕褐色,密生多数环节和须根。叶常 8~14 枚轮生于茎顶;叶片狭披针形、披针形或倒披针形,长 7~20cm,宽 0.5~2.5cm,先端短尖或渐尖,基部楔形;具短柄。花单生于茎顶,花梗长 5~20cm;外轮花被片叶状,5~7 枚,狭披针形;内轮花被片狭条形,远长于外轮花被片;雄蕊 7~14 枚,花药宽线形,与花丝近等长;子房近球形,暗紫色,具棱。蒴果近圆形,暗紫色,3~6 瓣裂开。种子多数,具红色肉质的外种皮。花期 5—6 月,果期 7—10 月。

分布与生境　见于双坑口、上芳香、金刚厂、高岱源、飞来瀑、黄桥,生于海拔 950m 以下的沟边草丛或山谷岩缝中。

保护价值　中国特有种,分布区较华重楼狭窄,数量更为稀少。药用、观赏价值同华重楼。

保护与濒危等级　国家二级重点保护野生植物。《中国生物多样性红色名录》近危(NT)。

178 北重楼
Paris verticillata M. Bieb.

科　百合科 Liliaceae
属　重楼属 *Paris*

形态特征　多年生草本,高 25~50cm。根状茎细长,直径 3~5mm。叶 6~8 枚轮生于茎顶;叶片长圆形、倒披针形或倒卵状披针形,长 7~15cm,宽 1.5~3.5cm,先端渐尖,基部楔形,具短柄或近无柄。花单生于茎顶;花梗长 4.5~12cm;外轮花被片绿色,叶状,长 2~3.5cm,宽 1~3cm,通常 4~5 枚;内轮花被片黄绿色,线形,稍短于外轮;花药宽条形,长约 1cm,花丝基部稍扁平,长 5~7mm;子房近球形,光滑,顶端无盘状花柱基,花柱具 4~5 分枝,分枝细长,并向外反卷,长为合生部分的 2~3 倍。蒴果浆果状,近球形,不开裂。花期 5—6 月,果期 7—9 月。

分布与生境　见于飞来瀑,生于山坡林下阴湿处或沟边草丛中。温州市新记录。

保护价值　叶形别致,花形奇异而美丽,是一种观赏价值极高的植物。根状茎入药,具有清热解毒、散瘀消肿的功效,用于治疗咽喉肿痛、痈疖肿毒、毒蛇咬伤等。

保护与濒危等级　浙江省重点保护野生植物。《中国生物多样性红色名录》无危(LC)。

179 多花黄精 黄精

Polygonatum cyrtonema Hua

科　百合科 Liliaceae
属　黄精属 *Polygonatum*

形态特征　多年生草本,高 50~100cm。根状茎连珠状,稀结节状,直径 10~25mm。茎常弯拱,具叶 10~15 枚。叶互生;叶片椭圆形至长圆状披针形,长 8~20cm,宽 3~8cm,先端急尖至渐尖,基部圆钝,两面无毛。伞形花序通常具 2~7 花,下弯;花序梗长 7~15mm;苞片线形,位于花梗的中下部,早落;花绿白色,近圆筒形,长 15~20mm;花梗长 7~15mm;花被筒基部收缩成短柄状,裂片宽卵形;雄蕊着生于花被筒的中部,花丝稍侧扁,被绵毛,花药长圆形;花柱不伸出花被之外。浆果直径约 1cm,成熟时黑色,具种子 3~14 粒。花期 5—6 月,果期 8—10 月。

分布与生境　见于双坑口、白水漈、里光溪、叶山岭、岭北、新增、小燕、陈吴坑、三插溪,生于海拔 1100m 以下的山坡林下、沟边草丛和岩壁石缝。

保护价值　中国特有种。花色黄绿,若风铃般悬挂于叶腋,姿态万千,可作花坛、花境装饰植物。食用价值较高,不仅可鲜食,甘甜爽口,而且可加工成干果、果酒、罐头、饮料等。根状茎供药用,有养阴生津、补脾益肺之功效,用于治疗体虚、乏力、心悸、干咳等。

保护与濒危等级　《中国生物多样性红色名录》近危(NT)。

180 木本牛尾菜

Smilax ligneoriparia C. X. Fu et P. Li

科 百合科 Liliaceae
属 菝葜属 *Smilax*

形态特征 木质藤本。根状茎不明显;地上茎无刺,多分枝。叶柄长 0.5~2.5cm,基部具狭鞘,鞘长为叶柄的 1/4~1/3,脱落点位于近顶部,卷须发达,古铜色;叶片卵形至椭圆形,锐尖,基部截形或稍心形,长 8~15cm,宽 2.5~9cm,草质,主脉 7,外侧的 2 对较细弱。伞形花序单生于叶腋,基部不具先出叶;花序梗纤细,长 3~6cm,稍扁;花序具数枚至 20 余枚小花,花序托稍膨大,呈球形,直径 2~3mm;雌花花梗长 6~10mm;雌花花被片 6,粉红色,椭圆形至矩圆形,长 2.5~3mm,宽 1~1.5mm,无退化雄蕊;雄花花被片红褐色,长 2.5~4mm,雄蕊长 2~2.5mm。浆果成熟时红色,球形,直径约 5.5mm。花期 5 月,果期 11 月。

分布与生境 见于乌岩岭,生于海拔 900~1100m 的阔叶林下。

保护价值 中国特有种。2011 年正式发表的新种,模式产地乌岩岭。

保护与濒危等级 《中国生物多样性红色名录》无危(LC)。

181 绿花油点草

Tricyrtis viridula Hir. Takahashi

科　百合科 Liliaceae
属　油点草属 *Tricyrtis*

形态特征　多年生草本。茎直立,不分枝,高40~100cm,无毛。叶片狭椭圆形至卵形,有时倒卵形,长10~17cm,宽4~7cm,主脉上有刚毛,基部抱茎,先端锐尖或具小尖头。聚伞花序顶生兼腋生,有2~4个具2~8朵花的小聚伞花序组成;花序梗和小花梗被短毛和长腺毛,花序梗长3~10cm,花梗长8~15mm;花被片黄绿色,内面具散生的紫红色斑点和位于基部的橘黄色斑块,外面具腺毛,外轮花被片卵形,基部向下延伸成囊状,内轮花被片披针形;雄蕊6,花丝下部靠合,基部有小乳头状突起,中部以上向外弯曲,花药紫色或黄色,长约3mm;柱头3裂,向外弯垂,每一裂再二分枝,小裂片长条形,密生颗粒状腺毛。蒴果三棱形,无毛。种子黑紫色,长1.5~1mm。花果期6—10月。

分布与生境　见于白云尖、金刚厂、上燕,生于山坡林下阴湿处。温州市新记录植物。

保护价值　中国特有种。花形奇特,十分耐看,可作花境、盆栽、湿地美化植物,也可作切花。

保护与濒危等级　《中国生物多样性红色名录》易危(VU)。

182　福州薯蓣　福萆薢

Dioscorea futschauensis Uline ex R. Knuth

科　薯蓣科 Dioscoreaceae
属　薯蓣属 *Dioscorea*

形态特征　缠绕草质藤本。根状茎横走,表面红棕色至橙棕色,鲜断面橙红色,干断面白色至淡黄色;地上茎左旋,具细纵槽,无毛。单叶互生;中、下部叶掌状圆心形,长8~15cm,宽7~13cm,先端渐尖,基部深心形,7裂,中间裂片最大,上部叶卵状心形,不裂,边缘波状乃至全缘,两面具白色硬毛。花单性,雌雄异株;花被橙黄色;雄花序总状,常再排成圆锥花序;雌花序穗状,雌花单生。果序下垂,蒴果三棱状扁球形,表面深棕色。花期6—7月,果期7—10月。

分布与生境　见于寿泰溪,生于海拔500m以下的山坡林缘或灌丛中。

保护价值　中国特有种。根状茎含微量薯蓣皂苷元,作萆薢入药,用作清热解毒剂。

保护与濒危等级　《中国生物多样性红色名录》近危(NT)。

183　纤细薯蓣　　白草薢

Dioscorea gracillima Miq.

科　薯蓣科 Dioscoreaceae
属　薯蓣属 *Dioscorea*

形态特征　缠绕草质藤本。根状茎横走，多竹节状分枝，整体呈竹鞭状，表面橘黄色，粗糙，散生略呈疣状突起的根基，质地坚硬，断面粉白色，味微苦；地上茎左旋，具细纵槽，无毛。叶互生，有时在茎基部3~5片轮生；叶片薄革质，宽卵状心形，长6~20cm，宽5~14cm，先端渐尖，基部心形，全缘或微波状，边缘具明显的啮蚀状，两面无毛，背面常具有白粉，主脉9条；叶柄与叶片近等长。花单性，雌雄异株；雄花序穗状，有时排列成圆锥花序，单生于叶腋，雄蕊6枚，3枚能育；雌花序穗状，单生于叶腋，有6枚退化雄蕊。蒴果三棱形，直径1.5~2.1cm，顶端截形，每棱翅状。种子扁椭圆形，四周有薄膜状翅。花期5—7月，果期6—9月。

分布与生境　见于白云尖，生于海拔850m以下的山坡灌丛、沟边林下。

保护价值　东亚特有种。中药粉草薢的来源之一，根状茎入药，可治脾胃亏虚等，还是制作甾类激素类药物的原料。

保护与濒危等级　《中国生物多样性红色名录》近危（NT）。

184　头花水玉簪

Burmannia championii Thwaites

科　水玉簪科 Burmanniaceae
属　水玉簪属 *Burmannia*

形态特征　多年生附生草本,高 4.5~11cm。根状茎块状;地上茎直立,纤细,白色。茎生叶退化成鳞片状,膜质,紧贴茎上;叶片披针形,长 1.5~6mm。花 2~12 朵,常簇生于茎顶,呈头状;花梗短;花被管无翅,仅具 3 脉;外轮花被裂片淡红棕色,三角形,长约 2mm,上部具内折的侧裂片,内轮花被裂片匙形,长约 1.3mm,边缘稍有乳突;花丝极短,药隔顶端具 1 小突起,基部无距;子房椭圆球形或卵球形,长 2~3mm,花柱条形,较粗,柱头 3 裂。蒴果倒卵球形,长约 2.5mm。种子极小,卵球形。花果期 8—9 月。

分布与生境　见于泺头源、黄家岱、垟岭坑,生于海拔 750~950m 的林下腐殖质丰富的地带。

保护价值　株形直立,植株透明,花序头状,可引种栽培为盆栽点缀物。

保护与濒危等级　《中国生物多样性红色名录》无危(LC)。

185 宽翅水玉簪

科　水玉簪科 Burmanniaceae
属　水玉簪属 *Burmannia*

Burmannia nepalensis（Miers）Hook. f.

形态特征　一年生附生小草本,高3~10cm。茎纤细,白色,顶端分枝或不分枝。珠芽肉质,卵球形或球形。叶退化成鳞片状,白色,散生于茎的中下部;叶片卵形或长圆形,长1~1.5mm,宽1~1.2mm。花单生于茎顶,偶有2~3(5)花排成蝎尾状聚伞花序;苞片白色,近肉质,卵形;花梗长3~4mm;花阔壶形,长约5mm;花被管短,具3宽翅,翅白色,自花被裂片处下延至基部,长约3mm,宽约1mm;外轮花被裂片近方形,内弯,长、宽均约0.8mm,先端浅2裂或不裂,边缘黄色,略增厚,内轮花被裂片仅残存小瘤突;药隔舌状外突,顶部两侧各有1鸡冠状突起,或无附属体,基部有距;子房近球形,外具3棱,长约3mm,花柱直立,柱头近头状,3裂。蒴果卵球形,三棱状,横裂。种子多数,细小,纺锤形。花果期9—10月。

分布与生境　见于黄桥、乌岩岭,生于沟谷阔叶林下。

保护价值　分布区狭窄,数量稀少,对植物地理区系、系统发育等研究具有科学价值。株形奇特,可作为盆栽点缀物。

保护与濒危等级　《中国生物多样性红色名录》无危(LC)。

186 无柱兰　细葶无柱兰

Amitostigma gracile（Bl.）Schltr.

科　兰科 Orchidaceae
属　无柱兰属 *Amitostigma*

形态特征　地生兰，高 7~30cm。块茎椭圆状球形，长 2.5cm，直径约 1cm，肉质。茎直立，下部具叶 1 枚。叶片长圆形或椭圆状长圆形，长 3~12cm，宽 1.5~3.5cm，先端急尖或稍钝，基部鞘状抱茎。花葶纤细，顶生，直立，无毛；总状花序长 1~5cm，疏生花 5 至 20 余朵，偏向同一侧；苞片卵形或卵状披针形，长 2~8mm，先端渐尖；萼片卵形，长约 3mm，几靠合；花小，红紫色或粉红色；花瓣斜卵形，与萼片近等长而稍宽，先端近急尖；唇瓣 3 裂，长大于宽，长 5~7mm，中裂片长圆形，先端几平截或具 3 枚细齿，侧裂片卵状长圆形，距纤细，筒状，几伸直，下垂，长 2~3mm；子房长圆锥形，具长柄。花期 6—7 月，果期 9—10 月。

分布与生境　见于双坑口、白云尖，生于沟谷边或山坡林下阴湿处岩石上。

保护价值　块根入药，民间用于解毒、消肿、止血。

保护与濒危等级　《中国生物多样性红色名录》无危（LC）；列入 CITES 附录Ⅱ。

187　大花无柱兰

Amitostigma pinguiculum（Rchb. f. et S. Moore）Schltr.

科　兰科 Orchidaceae
属　无柱兰属 *Amitostigma*

形态特征　地生兰,高8~16cm。块茎卵球形,直径约1cm,肉质。茎直立,下部具1叶,叶下具1~2枚筒状鞘。叶片卵形、舌状长圆形、条状披针形或狭椭圆形,长3~8cm,宽0.8~1.2cm,先端钝或稍急尖。花葶纤细,直立,通常顶生1花,偶见2~3花;苞片卵状披针形;花大,粉红色;中萼片卵状披针形,先端急尖,侧萼片卵形,与中萼片几等长,但较宽,先端渐尖;花瓣斜卵形,较萼片略短而宽,先端钝;唇瓣扇形,长与宽几相等,长约1.5cm,具爪,3裂,中裂片倒卵形,先端微凹或全缘,侧裂片卵状楔形,伸展;距圆锥形,长约1.5cm,下垂;子房无毛。花期4—5月。

分布与生境　见于黄桥、三插溪,生于山坡林下岩石上或沟谷边阴处草地。

保护价值　浙江特有种。株形娇小,体态婀娜,花形奇特,色彩柔美,适作盆栽,也可用于岩面美化。

保护与濒危等级　《中国生物多样性红色名录》极危(CR);列入CITES附录Ⅱ。

188 金线兰 花叶开唇兰

Anoectochilus roxburghii（Wall.）Lindl.

科 兰科 Orchidaceae
属 开唇兰属 *Anoectochilus*

形态特征 地生兰,高8~14cm。具匍匐根状茎;地上茎上部直立,下部具2~4枚叶。叶片卵圆形或卵形,长1.3~3cm,宽0.8~3cm,上面暗紫色,具金黄色网纹和丝绒光泽,下面淡紫红色,先端钝圆或具短尖,叶脉5~7条;叶柄长4~10mm。总状花序长3~5cm,疏生花2~6朵,花序轴淡红色,被柔毛,苞片淡红色,卵状披针形,短于子房;花白色或淡红色;萼片外被柔毛,中萼片卵形,向内凹陷,长约6mm,宽2~5mm,侧萼片卵状椭圆形,稍偏斜;花瓣镰刀状,与中萼片靠合成兜状;唇瓣前端2裂,呈Y形,裂片舌状线形,中部具爪,两侧具6条流苏状细条,基部具距,末端指向唇瓣,中部生有胼胝体;子房长圆柱形。花期9—10月。

分布与生境 见于双坑口、叶山岭、高岱源、万斤窑、左溪、石鼓背、陈吴坑,生于阔叶林下阴湿处。

保护价值 全草入药,具清热凉血、祛风利湿的功效,治疗腰膝痹痛、肾炎、支气管炎、糖尿病、小儿惊风等,民间普遍认为金线兰对现代"三高"病症有防治功能,常将其作药膳。

保护与濒危等级 国家二级重点保护野生植物。《中国生物多样性红色名录》濒危(EN);列入CITES附录Ⅱ。

189 竹叶兰

Arundina graminifolia（D. Don）Hochr.

科　兰科 Orchidaceae
属　竹叶兰属 *Arundina*

形态特征　地生兰，高 30~100cm。地下根状茎呈卵球形膨大，貌似假鳞茎；地上茎直立，常数个丛生或成片生长，圆柱形，细竹秆状，通常为叶鞘所包，具多枚叶。叶禾叶状，质坚韧，条状披针形，基部呈鞘状抱茎，近基部具关节。总状花序顶生，具 2~10 花；苞片鳞片状，先端渐尖或急尖；花大，直径约 5cm，花粉红色或略带紫色，偶近白色；萼片长圆状披针形，分离，中萼片稍宽；花瓣卵状长圆形；唇瓣轮廓近长圆状卵形，基部筒状，3 裂；侧裂片耳状，内弯，围抱蕊柱；中裂片较大，边缘强波状，先端 2 浅裂或微凹；唇盘上具 3 或 5 带黄色褶片；蕊柱稍弓曲，长约 2cm，具狭翅。花期 9—10 月，果期 10—11 月。

分布与生境　见于双坑口，生于溪谷山坡草地、林缘或沙边草丛中。

保护价值　民间以根状茎入药，治疗结核性淋巴结炎。体态优雅，花色艳丽，可作花境、盆栽或切花。

保护与濒危等级　《中国生物多样性红色名录》无危(LC)；列入 CITES 附录 Ⅱ。

190 瘤唇卷瓣兰 日本卷瓣兰

Bulbophyllum japonicum（Makino）Makino

科 兰科 Orchidaceae
属 石豆兰属 *Bulbophyllum*

形态特征 附生兰,高达 10cm。根状茎纤细。假鳞茎卵球形,在根状茎上远生,彼此相距 2~7cm,顶生 1 叶。叶片革质,长圆形或有时斜长圆形,长 3~4.5cm,宽 5~8mm,先端锐尖,基部渐狭为长约 2mm 的柄,中部以上边缘具细乳突。花葶从假鳞茎基部抽出,通常高于叶;伞形花序常具 2~4 花;花紫红色;中萼片卵状椭圆形,先端短急尖,具 3 脉,全缘,侧萼片披针形,向先端长渐尖或短渐尖,具 3 脉,中部以上两侧边缘内卷,基部上方扭转而侧萼片的上、下侧边缘彼此靠合;花瓣近匙形,先端圆钝,具 3 脉,全缘;唇瓣肉质,舌状,向外下弯,基部上方两侧对折,中部以上收狭为细圆柱状,先端扩大成拳卷状;蕊柱齿钻状。花期 7—9 月。

分布与生境 见于叶山岭、三插溪,生于岩壁上。

保护价值 东亚特有种,间断分布于中国和日本,对植物地理区系研究具有科学价值。可盆栽供观赏。

保护与濒危等级 《中国生物多样性红色名录》无危(LC);列入 CITES 附录Ⅱ。

191 广东石豆兰

Bulbophyllum kwangtungense Schltr.

科 兰科 Orchidaceae
属 石豆兰属 *Bulbophyllum*

形态特征 附生兰,高达 10cm。根状茎长而匍匐。假鳞茎长圆柱形,长 1~2.5cm,在根状茎上远生,彼此相距 2~7cm,顶生 1 叶。叶片革质,长圆形,长 2~6.5cm,宽 4~10mm,先端钝圆而凹,基部渐狭成楔形,具短柄,有关节,中脉明显。花葶 1 个,从假鳞茎基部或靠近假鳞茎基部的根状茎节上发出,高于叶;总状花序缩短成伞状,具花 2~7 朵;花淡黄色;萼片离生,狭披针形;花瓣狭卵状披针形,长 4~5mm,中部宽约 0.4mm,先端长渐尖,具 1 条脉或不明显的 3 条脉,全缘;唇瓣肉质,狭披针形,向外伸展;蕊柱牙齿状,长约 0.5mm,蕊柱足长约 0.5mm。蒴果长椭圆形,长约 2.5cm,直径 5mm。花期 6 月,果期 9—10 月。

分布与生境 见于里光溪、竹里、左溪、陈吴坑、三插溪、寿泰溪、溪斗,附生于溪沟边石壁上或树干上。

保护价值 中国特有种。全草可入药,能滋阴降火、清热消肿,用以治疗咽喉肿痛、肺炎等。

保护与濒危等级 《中国生物多样性红色名录》无危(LC);列入 CITES 附录 Ⅱ。

192 齿瓣石豆兰

Bulbophyllum levinei Schltr.

科　兰科 Orchidaceae
属　石豆兰属 *Bulbophyllum*

形态特征　附生兰。根状茎纤细，匍匐。假鳞茎近圆柱形，在根状茎上聚生，彼此相互靠近，顶生1叶。叶片椭圆状披针形，长3~6cm，宽5~8mm，先端钝，基部渐狭成短柄，中脉明显。花葶从假鳞茎基部长出，纤细，通常高出叶；总状花序缩短成伞状，具2~6花；苞片小，膜质，披针形，较花梗连子房短；花白色；中萼片椭圆形，边缘具细齿，先端急尖，侧萼片狭卵状披针形，先端尾状；花瓣卵形，边缘流苏状，先端急尖；唇瓣戟状披针形，肉质，弯曲，先端钻状，基部平截；蕊柱短，无离生的蕊柱足。蒴果椭圆球形。花期4月，果期6月。

分布与生境　见于双坑口、万斤窑、里光溪、黄桥、三插溪、双坑头、黄连山、洋溪，附生于石壁上或树干上。

保护价值　中国特有种。全草入药，具有滋阴降火、清热消肿的功效，治急性咽炎、扁桃体炎、口腔溃疡等。可盆栽供观赏。

保护与濒危等级　《中国生物多样性红色名录》无危（LC）；列入CITES附录Ⅱ。

193 斑唇卷瓣兰 黄花卷瓣兰、黄花石豆兰

Bulbophyllum pecten-veneris（Gagnep.）Seidenf.

科　兰科 Orchidaceae
属　石豆兰属 *Bulbophyllum*

形态特征　附生兰。根状茎纤细，葡匐。假鳞茎卵状圆球形，在根状茎上离生，彼此相距 5~10mm，顶生 1 叶。叶片革质，长圆状披针形，长 1~6cm，宽 7~18mm。花葶从假鳞茎基部长出，远高于叶；伞形花序具 3~8 花；苞片膜质，狭披针形；花黄色或橙黄色；中萼片卵圆形，凹陷，先端渐尖成芒状，边缘具长柔毛，具 5 脉，侧萼片通常长 3.5~5cm，基部上方扭转而上、下侧边缘分别彼此黏合，边缘内卷，先端渐尖成尾状；花瓣斜卵圆形，先端尾状，边缘具长柔毛，具 3 脉；唇瓣黄带红色，肉质，角状突起，基部以关节与蕊柱足相连，先端急尖弧弯；蕊柱半圆形。花期 4—5 月，果期 7—8 月。

分布与生境　见于黄桥、三插溪、石鼓背、岩坑、黄连山，附生于林中树上或岩石上。

保护价值　花形特异，雅致可爱，可用于阴湿岩面美化或盆栽。全草入药，能滋阴降火、润肺止咳、清热消肿。

保护与濒危等级　《中国生物多样性红色名录》无危（LC）；列入 CITES 附录Ⅱ。

194 乐东石豆兰

Bulbophyllum ledungense T. Tang et F. T. Wang

科 兰科 Orchidaceae
属 石豆兰属 *Bulbophyllum*

形态特征 附生兰。假鳞茎圆柱形,长0.8~1.3cm,相距1~4cm疏生于根状茎上,顶生叶1枚。叶片革质,长圆形,长1.5~3.0cm,宽3~8mm,先端圆钝且微凹,基部收窄为长1~2mm的柄。花葶1~2个,从假鳞茎基部或两假鳞茎之间的根状茎上发出,长1~2cm;总状花序缩短成伞状,具2~5朵花;花序梗被3~4枚膜质筒状鞘;萼片和花瓣淡黄色,中部以上橘黄色;萼片离生,质地较厚;中萼片狭披针形,中部以上两侧边缘多少内卷,先端长渐尖,具3脉;侧萼片狭披针形,比中萼片稍长,基部贴生在蕊柱足上,中部以上两侧边缘内卷,先端长渐尖,具3脉;花瓣卵形,长约2mm,宽约0.8mm,先端稍钝,全缘;唇瓣橘黄色,肉质,狭长圆形,平展,长约1.2mm,宽约0.4mm,基部具凹槽,背面密生细乳突,上面常具3条纵脊,其两侧的脊常增粗而隆起;蕊柱长约0.8mm;蕊柱齿钻状。花期4—5月。

保护与濒危等级 《中国生物多样性红色名录》未予评估(NE);列入CITES附录Ⅱ。

195 钩距虾脊兰 纤花根节兰、细花根节兰

科 兰科 Orchidaceae
属 虾脊兰属 *Calanthe*

Calanthe graciliflora Hayata

形态特征 地生兰,高 30~60cm。假鳞茎近卵球形,粗约 2cm,具 3 枚鞘状叶。假茎长 5~18cm。叶近基生,椭圆形或倒卵状椭圆形,长 17~30cm,宽 4~5cm,先端急尖,基部楔形,下延至叶柄;叶柄长达 10cm。花葶从叶丛中长出,高 40~50cm;总状花序长 25~30cm,疏生多数花;苞片膜质,披针形,长约 2mm;花下垂,内面绿色,外面带褐色,直径约 2cm;萼片卵圆形至长圆形,长 1.3~1.5cm,宽 4~5mm,先端急尖,具 3 脉,侧萼片稍带镰刀状;花瓣线状匙形,长 1~1.3cm,宽 2~3mm,先端急尖,基部收狭,具 1 脉;唇瓣白色,长 0.9~1cm,3 裂,中裂片长圆形,先端中央 2 裂,具短尖,侧裂片卵状镰刀形;距圆筒形,长约 1cm,末端钩状弯曲;蕊柱长 4~5mm。花期 4—5 月。

分布与生境 见于双坑口、上芳香、白云尖,生于山坡林下阴湿地。

保护价值 中国特有种。叶如箬竹,花序修长,花繁美丽,适作观花地被、花境及盆栽。假茎、假鳞茎及根状茎入药,具解毒消肿、活血散结、止痛的功效,用于治疗瘰疬、结核性淋巴结炎、跌打损伤、腰肋疼痛等;捣烂以菜油浸泡,取汁涂搽治脱肛、痔疮。

保护与濒危等级 《中国生物多样性红色名录》近危(NT);列入 CITES 附录 Ⅱ。

196 细花虾脊兰

Calanthe mannii Hook. f.

科　兰科 Orchidaceae
属　虾脊兰属 *Calanthe*

形态特征　地生兰,高 20~25cm。假鳞茎粗短,圆锥形,具 3~5 叶。假茎长 5~7cm。叶片花期尚未展开,折扇状,倒披针形或长圆形,长 26~29cm,宽 3.3~3.6cm,先端急尖,基部近无柄或渐狭为长的柄。花葶从叶间长出,直立,远高出于叶;总状花序长 10~19cm,密生 30 余花;花暗褐色;中萼片卵状披针形或有时长圆形,凹陷,侧萼片斜卵状披针形,与中萼片近等长;花瓣倒卵状披针形,先端锐尖;唇瓣金黄色,3 裂,侧裂片卵圆形或斜卵圆形,先端圆钝,中裂片横长圆形或近肾形,先端微凹并具短尖,边缘稍波状,无毛,唇盘上具 3 褶片或龙骨状脊,其末端在中裂片上呈三角形隆起;距短钝,伸直,长 1~3mm,外面被毛;蕊柱白色,上端扩大,腹面被毛。花期 5 月。

分布与生境　见于双坑口、上芳香,生于林下阴湿处。

保护价值　全草药用,有清热解毒、软坚散结、祛风止痛的功效,用于治疗痰喘、风湿疼痛、痔疮、咽喉肿痛等。

保护与濒危等级　《中国生物多样性红色名录》无危(LC);列入 CITES 附录Ⅱ。

197 反瓣虾脊兰 反卷根节兰

Calanthe reflexa Maxim.

科 兰科 Orchidaceae

属 虾脊兰属 *Calanthe*

形态特征 地生兰,高 20~50cm。假鳞茎粗短,长 2~3cm,具 1~2 枚鞘和 4~5 枚叶。叶片椭圆形,长 15~20cm,宽 3~6.5cm,先端锐尖,基部楔形,具柄,两面无毛。花葶 1~2 个,直立,长 20~40cm,远高于叶;总状花序长 5~20cm,疏生 10~20 朵花,苞片狭披针形,长 1.8~2.4cm,先端渐尖;花蓝紫色,直径约 2cm;开放后萼片和花瓣反折;中萼片卵状披针形,长 15~20mm,先端呈尾状急尖,具 5 条脉,侧萼片斜卵状披针形;花瓣线形,长 1~1.3cm,先端渐尖,无毛;唇瓣基部与蕊柱中部以下的翅合生,3 裂,无距;侧裂片长圆状镰刀形,中裂片近椭圆形或倒卵状楔形,前端边缘具不整齐的齿。花期 5—6 月,果期 8 月。

分布与生境 见于洋溪,生于阔叶林下、山谷溪边。

保护价值 东亚特有种,间断分布于中国、日本和朝鲜半岛,对植物地理区系研究、系统发育等有科研价值。全草入药,具清热解毒、软坚散结、活血止痛的功效。花色鲜艳,极具观赏价值。

保护与濒危等级 《中国生物多样性红色名录》无危(LC);列入 CITES 附录 Ⅱ。

198 银兰

Cephalanthera erecta（Thunb. ex A. Murray）Bl.

科　兰科 Orchidaceae
属　头蕊兰属 *Cephalanthera*

形态特征　地生兰,高 20~30cm。根状茎短而不明显,具多数细长的根;地上茎直立,下部具 3~4 枚膜质鞘,上部具叶 3~4 枚。叶片狭长椭圆形或卵形,长 2~6cm,宽 1~3cm,先端急尖或渐尖,基部鞘状抱茎。总状花序顶生,具花 5~10 朵,花序轴具棱;苞片小,长 1~2mm,鳞片状;花白色,直立;萼片宽披针形,长 8~10mm,宽约 3.5mm,先端急尖或钝,具 5 脉,中萼片较狭;唇瓣长 5~6mm,基部具囊状短距,中部缢缩,前部近心形,先端近急尖,上面具 3 条纵褶片,后部凹陷,无褶片,两侧裂片卵状三角形或披针形,略抱蕊柱;子房线形,连花梗长 8~13mm。蒴果直立,细圆柱形,长约 1.5cm。花期 5—6 月,果期 8—9 月。

分布与生境　见于双坑口,生于山坡林下。

保护价值　东亚特有种。全草入药,用以治疗高热口干、小便不利等。

保护与濒危等级　《中国生物多样性红色名录》无危(LC);列入 CITES 附录 Ⅱ。

199 金兰

Cephalanthera falcata（Thunb. ex A. Murray）Bl.

科　兰科 Orchidaceae
属　头蕊兰属 *Cephalanthera*

形态特征　地生兰,高 20~50cm。根状茎粗短,具多数细长的根;地上茎直立,下部具 3~5 枚鞘状鳞叶,上部具叶 4~7 枚。叶片椭圆形或椭圆状披针形,长 8~15cm,宽 2~5cm,先端渐尖或急尖,基部鞘状抱茎。总状花序顶生,具花 5~10 朵;苞片较小,长约 2mm,短于花梗连子房长;花黄色,直立,长约 1.5cm,不完全展开;萼片卵状椭圆形,长 1.3~1.5cm,宽 4~6mm,先端钝或急尖,具 5 脉;花瓣与萼片相似,但稍短;唇瓣长约 5mm,宽 8mm,先端不裂或 3 浅裂,中裂片圆心形,先端钝,内面具 7 条纵褶片,侧裂片三角形,基部围抱蕊柱;距圆锥形,长约 2mm,伸出萼外;子房线形,无毛。花期 4—5 月。

分布与生境　见于双坑口、白云尖,生于山坡林下或路边草丛中。

保护价值　全草入药,民间用于治疗脾虚食少、咽喉痛、牙痛、风湿痹痛、扭伤、骨折等。

保护与濒危等级　《中国生物多样性红色名录》无危(LC);列入 CITES 附录Ⅱ。

200 中华叉柱兰　指柱兰、中国指柱兰

Cheirostylis chinensis Rolfe

科　兰科 Orchidaceae
属　叉柱兰属 *Cheirostylis*

形态特征　地生兰,高 5~9cm。根状茎匍匐,肉质,具节,呈莲藕状,紫褐色;地上茎直立,褐色,基部具 3 或 4 叶。叶片卵形至卵状圆形,长 2~3cm,宽 1~2cm,上面呈有光泽的暗灰绿色,背面带红色。总状花序具 5~9 花,花多向一侧开放;萼片白色略带红褐色,下部的 2/3 处合生成筒状,萼筒上部 1/3 处 3 裂,裂片三角形;花瓣白色,斜长圆形至倒披针形,与中萼片紧贴;唇瓣白色,呈 T 形,基部稍凹陷成浅囊状,囊内两侧各具 1 叉状 2 裂的柱状胼胝体,中部具爪,爪的先端突然扩大成 2 裂片,裂片近四方形,其前部边缘具不规则的齿,上面有毛,在裂片基部具 1 对绿色或灰色的斑点;蕊柱短,具 2 长臂状附属物;蕊喙直立,深 2 裂成叉状;柱头 2,位于蕊喙基部两侧。花期 3—4 月。

分布与生境　见于黄连山、溪斗、寿泰溪,生于林下覆土的岩石上。浙江新记录植物。

保护价值　中国特有种。植株小巧别致,可盆栽供观赏。

保护与濒危等级　《中国生物多样性红色名录》无危(LC);列入 CITES 附录 II。

201 广东异型兰

Chiloschista guangdongensis Z. H. Tsi

科　兰科 Orchidaceae
属　异型兰属 *Chiloschista*

形态特征　附生兰。茎极短,具许多扁平、长而弯曲的根,无叶。总状花序 1~2 个,下垂,疏生数朵花;花序轴和花序梗长 1.5~6cm,粗 1mm,密被硬毛;苞片膜质,卵状披针形,长 3~3.5mm,先端急尖,具 1 脉,无毛;花梗和子房长约 5mm,密被茸毛;花黄色;中萼片卵形,长约 5mm,宽 3mm,先端圆形,具 5 脉;侧萼片近椭圆形,与中萼片约等大,先端圆形,具 4 条脉;花瓣与中萼片相似但稍小,具 3 脉;唇瓣以 1 个关节与蕊柱足末端连接,3 裂;侧裂片直立,半圆形;中裂片卵状三角形,与侧裂片近等大,先端圆形,上面在两侧裂片之间稍凹陷并且具 1 个海绵状球形的附属物;蕊柱长约 1.5mm,基部扩大,具长约 3mm 的蕊柱足。蒴果圆柱形,长 2cm,粗约 4mm。花期 4 月,果期 5—6 月。

分布与生境　见于石鼓背、三插溪,生于山地常绿阔叶林中树干上。

保护价值　中国特有种。发现于乌岩岭的浙江新记录植物,目前省内仅见于泰顺、景宁,资源稀少。

保护与濒危等级　《中国生物多样性红色名录》极危(CR);列入 CITES 附录 Ⅱ。

202 大序隔距兰　虎皮隔距兰

Cleisostoma paniculatum（Ker-Gawl.）Garay

科　兰科 Orchidaceae
属　隔距兰属 *Cleisostoma*

形态特征　附生兰。茎伸长,长 20~30cm,分枝或不分枝,近基部生根。叶片带状长圆形,先端不等两圆裂,基部对折,套叠状抱茎,具关节。圆锥花序腋生,长 20~25cm,疏生多花;苞片鳞片状;花小,黄色,直径约 8mm;中萼片椭圆形,先端钝,具红褐色条纹,侧萼片斜椭圆形,具红褐色条纹;花瓣长圆形,先端钝,唇瓣肉质,3 裂,中裂片朝上,先端喙状,基部两侧具细长、尖角状的小裂片,侧裂片三角形,直立,先端钝,唇盘中央具 1 褶片,与距内隔膜相连;胼胝体近方形,上表面凹,先端 2 裂,密生乳突状毛。花期 4—5 月。

分布与生境　见于叶山岭、石鼓背、三插溪、寿泰溪、溪斗,生于溪边林中的树干上。

保护价值　花序大,花小而精致,可用于庭院绿化美化。

保护与濒危等级　《中国生物多样性红色名录》无危(LC);列入 CITES 附录 Ⅱ。

203 **台湾吻兰** 金唇兰   科   兰科 Orchidaceae
Collabium formosanum Hayata   属   吻兰属 *Collabium*

形态特征   地生兰,高达 30cm。假鳞茎疏生于根状茎上,圆柱形,被鞘。叶厚纸质,长圆状披针形,上面有多数黑色斑点,边缘波状,具多数弧形脉。花葶长 20~38cm;总状花序疏生 4~9 花;萼片和花瓣绿色,先端内面具红色斑纹;中萼片狭长圆状披针形,先端渐尖,具 3 脉;侧萼片镰刀状倒披针形,先端渐尖,基部贴生于蕊柱足,具 3 脉;花瓣与侧萼片相似,先端渐尖;唇瓣白色带红色斑点和条纹,近圆形,3 裂,侧裂片斜卵形,先端钝,上缘具不整齐的齿,中裂片倒卵形,先端近圆形并稍凹入,边缘具不整齐的齿;距圆筒状,末端钝;蕊柱长约 1cm。花期 5—9 月。

分布与生境   见于双坑口、垟岭坑,生于海拔 1000m 以下的山坡密林下或沟谷林下岩石边。

保护价值   叶上具黑色斑点,花大美丽,具有很高的观赏价值。

保护与濒危等级   《中国生物多样性红色名录》无危(LC);列入 CITES 附录Ⅱ。

204 建兰 四季兰

Cymbidium ensifolium (L.) Sw.

科 兰科 Orchidaceae
属 兰属 *Cymbidium*

形态特征 地生兰,高达70cm。根状茎短。假鳞茎卵球形。叶2~6枚成束;叶片带形,长30~60cm,宽1~2.5cm,有光泽,先端急尖,基部收狭,边缘具不明显的钝齿,具3条两面突起的主脉。花葶高20~35cm,基部具膜质鞘;总状花序具5~10花;花苞绿色或黄绿色,具清香,直径4~5cm;萼片具5条深色的脉,中萼片长椭圆状披针形,侧萼片稍镰刀状;花瓣长圆形,具5条紫色的脉;唇瓣卵状长圆形,具红色斑点和短硬毛,不明显3裂,向下反卷,先端急尖,侧裂片长圆形,浅黄褐色,唇盘上具2枚半月形白色褶片;蕊柱长约1.2cm。花期7—10月。

分布与生境 见于双坑头、叶山岭、竹里、里光溪、三插溪、寿泰溪、溪斗、黄连山,生于山坡林下、灌丛下腐殖质丰富的土壤中或碎石缝中。

保护价值 重要观赏花卉,拥有许多品种和类型,长江以南各地广泛栽培。民间用根治疗妇女湿热白带,用叶治疗咳嗽。

保护与濒危等级 国家二级重点保护野生植物。《中国生物多样性红色名录》易危(VU);列入CITES附录Ⅱ。

205 蕙兰 虎头兰

Cymbidium faberi Rolfe

科 兰科 Orchidaceae
属 兰属 *Cymbidium*

形态特征 地生兰,高 40~80cm。根白色,粗 7~10mm。假鳞茎不明显。叶 6~10 枚呈束状丛生;叶片带形,革质,长 20~80cm,宽 4~12mm,边缘具细锯齿,叶脉透明,中脉明显。花葶高 30~60cm,中部以下具 4~6 枚膜质鞘;总状花序具花 9~18 朵;苞片披针形,短于子房连花梗长;花黄绿色或紫褐色,直径 5~7cm,具香气;萼片狭长倒披针形,长 2.7~3cm;花瓣狭长披针形,长约 2.5cm,基部具红线纹;唇瓣长圆形,长 2~2.3cm,宽 1~1.1cm,苍绿色或浅黄绿色,具红色斑点,边缘具不整齐的齿,且皱褶呈波状;蕊柱长约 11mm,宽 3~3.5mm,黄绿色,具紫红色斑点,蕊柱翅明显。花期 4—5 月。

分布与生境 见于双坑口、白云尖、小燕、三插溪,生于山坡林下湿地。

保护价值 株形优雅刚毅,花形淡雅,香气纯洁,深受人们的喜爱,是中国栽培最久和最普及的兰花之一,古代常称之为"蕙"。根皮民间用于治疗久咳、蛔虫病等。

保护与濒危等级 国家二级重点保护野生植物。《中国生物多样性红色名录》无危(LC);列入 CITES 附录 II。

206 多花兰

Cymbidium floribundum Lindl.

科　兰科 Orchidaceae
属　兰属 *Cymbidium*

形态特征　附生兰,高30~60cm。假鳞茎卵状圆锥形,隐于叶丛中。叶3~6枚成束丛生;叶片较挺直,带形,长18~40cm,宽1.5~3cm,先端稍钩转或尖裂,基部具明显关节,全缘。花葶直立或稍斜出,较叶短;总状花序密生花20~50朵;花苞片卵状披针形,长约5mm;花紫褐色,无香气;萼片狭长圆状披针形,先端急尖,基部渐狭,侧萼片稍偏斜;花瓣长椭圆形,长1.8~2cm,先端急尖,基部渐狭,具紫褐色带黄色边缘;唇瓣卵状三角形,上面具乳突,明显3裂,中裂片近圆形,稍向下反卷,紫褐色,侧裂片半圆形,直立,具紫褐色条纹,边缘紫红色,唇盘从基部至中部具2条平行黄色褶片;蕊柱长约1.2cm,宽2~3mm,无蕊柱翅。花期4—5月,果期7—8月。

分布与生境　见于双坑口、白云尖、三插溪、石角坑、溪斗,生于林缘或溪边有覆土的岩石上。

保护价值　假鳞茎及根入药,具养心安神、利水消肿之效,用于治疗心悸、劳伤身痛、跌打损伤、肾炎水肿,外用治结核性淋巴结炎。其株丛丰茂,叶稍厚且具柔润光泽,着花繁密,花色红艳,具有较高的观赏价值,且抗逆性强,易于栽培。

保护与濒危等级　国家二级重点保护野生植物。《中国生物多样性红色名录》易危(VU);列入CITES附录Ⅱ。

207 **春兰** 草兰

Cymbidium goeringii（Rchb. f.）Rchb. f.

科　兰科 Orchidaceae
属　兰属 *Cymbidium*

形态特征 地生兰,高 20~60cm。假鳞茎集生于叶丛中。叶 4~6 枚成束状丛生;叶片带形,长 20~60cm,宽 5~8mm,边缘略具细齿。花葶直立,高 3~7cm,具花 1 朵,稀 2 朵;苞片膜质;花淡黄绿色,清香,直径 6~8cm;萼片较厚,长圆状披针形,长 2.5~4cm,中脉紫红色,基部具紫纹;花瓣卵状披针形,具紫褐色斑点,中脉紫红色,先端渐尖;唇瓣乳白色,不明显 3 裂,中裂片向下反卷,先端钝,长约 1.1cm,侧裂片较小,位于中部两侧,唇盘中央从基部至中部具 2 枚褶片;蕊柱直立,长约 1.2cm,宽 5mm,蕊柱翅不明显。蒴果长椭圆柱形。花期 2—4 月。

分布与生境 见于双坑口、白云尖、白水漈、上芳香、黄家岱、里光溪、小燕、岭北、黄连山、溪斗,生于山坡林下或沟谷边阴湿处。

保护价值 四大国兰之一,春兰驯化、栽培历史最为悠久,经自然杂交及人工栽培选育等,出现较多的变异类型,品种繁多,在园艺上应用广泛,具有很高的观赏价值。民间以根入药,用以治疗妇女湿热白带、跌打损伤。

保护与濒危等级 国家二级重点保护野生植物。《中国生物多样性红色名录》易危(VU);列入 CITES 附录 Ⅱ。

208 寒兰

Cymbidium kanran Makino

科 兰科 Orchidaceae
属 兰属 *Cymbidium*

形态特征 地生兰,高 20~60cm。假鳞茎卵球状棍棒形,或多或少左右压扁,长 4~6cm,宽 1~1.5cm,隐于叶丛中。叶 4~5 枚成束;叶片带形,长 35~70cm,宽 1~1.7cm,革质,深绿色,略带光泽,先端渐尖,边缘近先端具细齿,叶脉两面均突起。花葶直立,长 30~54cm,近等长于或长于叶;总状花序疏生 5~12 朵花;花苞片披针形;花绿色或紫色,直径 6~8cm;萼片线状披针形,中萼片稍宽,先端渐尖,具几条红线纹;花瓣披针形,长 2.8~3cm,先端急尖,基部收狭,近基部具红色斑点;唇瓣卵状长圆形,长 2.3~2.5cm,乳白色,具红色斑点或紫红色,不明显 3 裂,中裂片边缘无齿,侧裂片直立,半圆形,有紫红色斜纹,唇盘从基部至中部具 2 条平行的褶片;蕊柱长 1.2cm,无蕊柱翅。花期 10—11 月。

分布与生境 见于叶山岭、罗溪源、三插溪、溪斗、黄连山、寿泰溪,生于山坡林下腐殖质丰富之处。

保护价值 本种作为四大国兰之一,花朵优美,常有浓烈香气,具有极高的观赏价值,在园艺上应用广泛。由于人为过度采挖、自然繁殖系数低和生态环境遭到了严重破坏等原因,野生寒兰资源不断减少。

保护与濒危等级 国家二级重点保护野生植物。《中国生物多样性红色名录》易危(VU);列入 CITES 附录 II。

209 兔耳兰

Cymbidium lancifolium Hook.

科 兰科 Orchidaceae
属 兰属 *Cymbidium*

形态特征 半附生兰。根粗壮,通常白色。假鳞茎长圆柱形,顶端具2~4枚叶。叶片革质,长圆形至狭椭圆形,长6~17cm,宽1.9~5cm,先端渐尖,基部楔形,先端边缘具锯齿,叶脉两面突起,具长柄。花葶直立,长10~25cm;总状花序疏生4~8花;花白色带紫色,稍具香气,直径4~5cm;萼片倒披针形,侧萼片稍偏斜;花瓣倒卵状长圆形,稍偏斜,合抱于蕊柱上方,中脉红色;唇瓣卵圆形,白色,具紫红色斑纹,3裂,中裂片向下反卷,先端钝圆,侧裂片直立,三角形,具横的紫红色斑纹,唇盘上从基部至中部有2枚平行的褶片;蕊柱长1.5cm,乳白色。花期5—6月。

分布与生境 见于三插溪,生于山坡林下或附生于树上、岩石上。

保护价值 叶片宽大秀美,花奇特艳丽,具清新宜人的芳香,适合室内盆栽。

保护与濒危等级 《中国生物多样性红色名录》无危(LC);列入CITES附录Ⅱ。

210 血红肉果兰 红果山珊瑚

Cyrtosia septentrionalis（Rchb. f.）Garay

科 兰科 Orchidaceae
属 肉果兰属 *Cyrtosia*

形态特征 腐生兰,高 40~100cm。根状茎粗大,横走,具褐色鳞片;地上茎直立,肉质而硬,红褐色。鳞片状叶三角形至卵状披针形,长 1.5~2.5cm。圆锥花序顶生和侧生,长 20~26cm;花序轴被锈色短毛;苞片披针形;花梗短,连子房长 1.2~2cm;花黄褐色,先端带红色,直径 2~2.5cm;中萼片椭圆形,背面具短毛,侧萼片披针形,稍偏斜,背面被短毛;花瓣与侧萼片同形,背面无毛;唇瓣阔卵形,直立,边缘呈啮齿状。蒴果长椭圆状扁圆柱形,长 6~9cm,宽 1.5~2cm,表面具疏短毛,悬垂,成熟时红色。种子长椭圆形而扁,周边具翅。花期 6—7 月,果期 8—9 月。

分布与生境 见于双坑口、金刚厂,生于山坡林下阴湿处。

保护价值 东亚特有种,分布区狭窄,数量极为稀少。民间用全草煎服,治疗惊痫抽搐;用果煎服,治疗淋病。花果艳丽,观赏价值高,但难以繁殖和栽培,只适于野外观赏。

保护与濒危等级 《中国生物多样性红色名录》易危(VU);列入 CITES 附录 II。

211 梵净山石斛

Dendrobium fanjingshanense Z. H. Tsi ex X. H. Jin et Y. W. Zhang

科 兰科 Orchidaceae
属 石斛属 *Dendrobium*

形态特征 附生草本。茎圆柱状,丛生,长 20~40cm,粗 2~6mm,节间长 1~2.5cm。叶 5~8 枚,生于茎的上部。叶片近革质,矩圆状披针形,长 2~5cm,宽 5~15mm,先端稍钝,并且稍有钩转,基部具抱茎的鞘;鞘筒状,膜质。花序侧生于去年生茎上部,具 1~3 朵花;花序梗长 2~3mm;花苞片卵状三角形,具紫褐色的斑块;花橙黄色,花被片反卷而边缘稍呈波状;中萼片长圆形,长约 2cm,宽 6~7mm,先端近钝尖;侧萼片稍斜卵状披针形,与中萼片等长,但稍窄,先端钝;花瓣近椭圆形,长约 2cm,宽约 6mm,先端近钝;唇瓣橙黄色,长约 2cm,下部具 1 块大的扇形斑块,其上密布短茸毛,不明显 3 裂;侧裂片近半圆形,上举,在基部具 1 条淡紫色的胼胝体;中裂片卵形,先端近钝而下弯,上面具 1 条隆起的脊突,无毛;蕊柱乳白色;药帽乳白色,近菱形,无毛。花期 5 月,果期 9   10 月。

分布与生境 见于碑排,附生于树上及岩石上。

保护价值 中国特有种,已知分布于贵州和浙江,十分稀有。全株入药,有益胃生津、滋阴清热的功效。花色鲜艳,花朵雅致,可栽培供观赏。

保护与濒危等级 国家二级重点保护野生植物。《中国生物多样性红色名录》濒危(EN);列入 CITES 附录 II。

212　细茎石斛　铜皮石斛

Dendrobium moniliforme（L.）Sw.

科　兰科 Orchidaceae
属　石斛属 *Dendrobium*

形态特征　附生兰,高 10~40cm。茎丛生,直立,圆柱形,直径 1.5~5mm,具多节,由下向上渐细,节上具膜质筒状鞘。叶长圆状披针形,长 3~6cm,宽 5~15mm,先端钝或急尖,基部圆形,具关节。总状花序侧生于无叶的茎节上,花序梗长 2~5mm,具花 1~4 朵;花苞片卵状三角形,干膜质,白色带淡红色斑纹;花黄绿色或白色带淡玫瑰红色,直径 2~3cm;萼片近相似,长圆形或长圆状披针形;唇瓣卵状披针形,常 3 裂,中裂片卵状三角形,侧裂片半圆形,边缘具细齿;蕊柱很短,长约 2mm。蒴果倒卵形,长约 2cm。花期 4—5 月,果期 7—8 月。

分布与生境　见于新增、陈吴坑、排头,附生于树上或岩石上。

保护价值　茎可入药,有益胃生津、滋阴清热之功效,用于治疗热病伤津、痨伤咯血、口干烦渴、病后虚热、食欲不振。形态清秀,花朵雅致,可盆栽供观赏。

保护与濒危等级　国家二级重点保护野生植物。《中国生物多样性红色名录》未予评估（NE）;列入 CITES 附录Ⅱ。

213 单叶厚唇兰   三星石斛

Epigeneium fargesii（Finet）Gagnep.

科　兰科 Orchidaceae
属　厚唇兰属 *Epigeneium*

形态特征　附生兰。根状茎匍匐，粗2~3mm，密被栗色筒状鞘。假鳞茎斜生，近卵形，长约1cm，直径3~5mm，顶生1枚叶，基部被膜质鞘。叶片厚革质，卵形或宽卵状椭圆形，长1~2.3cm，宽7~11mm，先端微凹，基部阔楔形至圆形，近无柄。花单朵生于假鳞茎顶端；花梗连子房长约1cm；苞片卵形，膜质，长约3mm；花不甚张开，萼片和花瓣淡粉红色；中萼片卵形，长约1cm，具5脉；侧萼片斜卵状披针形，长约1.5cm，基部贴生在蕊柱足上而形成明显的萼囊，萼囊长约5mm；花瓣卵状披针形，比侧萼片小，具5脉；唇瓣近白色，小提琴状，长约2.3cm，前后唇等宽；后唇两侧直立；前唇伸展，近肾形，先端深凹，边缘呈波状；唇盘具2条纵向的龙骨脊；蕊柱粗壮，长约5mm；蕊柱足长约1.5mm。花期4—5月。

分布与生境　见于罗溪源，附生于岩石上。

保护价值　全草入药，用于治疗跌打损伤、腰肌劳损、骨折；花冠淡粉色，具有较高的园艺价值，可用于装饰石壁等。

保护与濒危等级　《中国生物多样性红色名录》无危(LC)；列入CITES附录Ⅱ。

214 小毛兰

Eria pusilla（Griff.）Lindl.

科　兰科 Orchidaceae
属　毛兰属 *Eria*

形态特征　附生兰,植株极矮小,高仅 1~2cm。假鳞茎密集着生,近球形或扁球形,被网格状膜质鞘,顶端具 2~3 叶。叶片倒披针形、倒卵形或近圆形,长 0.5~1.4cm,宽 3~4mm,先端圆钝或近平截,具细尖头,基部收狭;叶脉 3~6 条,在两面突起;叶柄长 2~3mm。花序生于假鳞茎顶端叶的内侧,长约 5mm,具 1~2 朵花;花小,白色或淡黄色;中萼片卵状披针形,长约 4mm,宽近 1.5mm,先端钝;侧萼片卵状三角形,稍偏斜,长约 4.5mm,基部宽约 2mm,先端渐尖,与蕊柱足合生成萼囊;花瓣披针形,长近 4mm;唇瓣近椭圆形,不裂,长约 3.5mm,基部稍收狭,中、上部边缘具不整齐细齿;蕊柱长仅 1mm,蕊柱足长近 2mm。花期 10—11 月。

分布与生境　见于三插溪,生于溪谷石壁上。

保护价值　中国特有种。植株小巧,具有较高的园艺价值,可用于装饰石壁、微景观造景等。

保护与濒危等级　《中国生物多样性红色名录》易危(VU);列入 CITES 附录 Ⅱ。

215 无叶美冠兰 乌石鼻芋兰

Eulophia zollingeri（Rchb. f.）J. J. Smith

科 兰科 Orchidaceae
属 美冠兰属 *Eulophia*

形态特征 附生植物，无绿叶。假鳞茎块状生于地下，近长圆形，长 3~8cm，淡黄色，有节。花葶粗壮，褐红色，高 40~60cm，自下而上具多鞘；总状花序直立，长达 13cm，疏生数朵至 20 余朵花，花苞片窄披针形或近钻形；花褐黄色，直径 2.5~3cm；中萼片椭圆形，长 1.5~1.8mm，侧萼片长于中萼片，稍斜歪，着生蕊柱足；花瓣倒卵形，长 1.1~1.4cm，宽 5~7mm，唇瓣近倒卵形或长圆状倒卵形，长 1.4~1.5cm，3 裂，侧裂片近卵形或长圆形，多少包蕊柱，中裂片卵形，长 4~5mm，有 5~7 条粗脉，脉密生乳突状腺毛，唇盘疏生乳突状腺毛，中央有 2 枚近半圆形褶片，囊圆锥形，长约 2mm；蕊柱长约 5mm，蕊柱足长达 4mm。花期 4—6 月。

分布与生境 见于竹里，生于毛竹林下。

保护价值 花大美丽，具有较高的园艺价值。国内主要分布于江西南部、福建、台湾、广东、广西和云南局部山区，资源稀少。

保护与濒危等级 《中国生物多样性红色名录》无危（LC）；列入 CITES 附录 Ⅱ。

216 台湾盆距兰　台湾松兰

Gastrochilus formosanus（Hayata）Hayata

科　兰科 Orchidaceae
属　盆距兰属 *Gastrochilus*

形态特征　附生兰。茎常匍匐生长,长达37cm,具分枝,节间距约5mm。叶2列互生,绿色,常两面带紫红色斑点;叶片稍肉质,长圆形或椭圆形,长2~2.5cm,宽3~7mm,先端急尖。总状花序缩短成伞状,具2~3朵花;花序梗通常长1~1.5cm;苞片膜质,长2~3mm;花梗连同子房淡黄色带紫红色斑点;花淡黄色带紫红色斑点;中萼片凹,椭圆形,长4.8~5.5mm,宽2.5~3.2mm,先端钝,侧萼片与中萼片等大,斜长圆形,先端钝;花瓣倒卵形,长4~5mm,宽2.8~3mm,先端圆形;前唇白色,宽三角形或近半圆形,长2.2~3.2mm,宽7~9mm,先端近截形或圆钝,全缘或稍波状,上面中央的垫状物黄色并且密布乳突状毛;后唇近杯状,长约5mm,宽4mm。花期4—5月。

分布与生境　见于双坑口,附生于海拔500m以上岩石上或树干上。

保护价值　中国特有种。零星分布于台湾、福建、陕西、湖北等局部山区,数量稀少。花形奇特,适用于庭院树桩或假山造景。

保护与濒危等级　《中国生物多样性红色名录》近危(NT);列入CITES附录Ⅱ。

217 黄松盆距兰　黄松兰

Gastrochilus japonicus（Makino）Schltr.

科　兰科 Orchidaceae

属　盆距兰属 *Gastrochilus*

形态特征　附生兰。茎粗短,长2~10cm。叶2列互生,长圆形至镰刀状长圆形,长5~14cm,宽5~17mm,先端近急尖而稍钩曲,基部具1个关节和鞘,全缘或稍波状。总状花序缩短成伞状,具4~10朵花;花序梗长1.5~2cm;花苞片近肉质,卵状三角形,长2~3mm,先端锐尖;萼片和花瓣淡黄绿色带紫红色斑点;中萼片和侧萼片相似而等大,倒卵状椭圆形或近椭圆形,长5~6mm;花瓣近似于萼片而较小;前唇白色带黄色先端,近三角形,边缘啮蚀状或全缘,上面中央的黄色垫状物带紫色斑点和被细乳突;后唇白色,近僧帽状或圆锥形,稍两侧压扁,长约7mm,宽4mm,上端口缘多少向前斜截,末端圆钝,黄色;蕊柱短,淡紫色。花期7—8月。

分布与生境　见于双坑头,附生于树干上。

保护价值　东亚特有种。本种为近年发现的浙江省新记录植物,分布区狭窄,国内仅台湾、香港及浙江有分布记录。黄松盆距兰在浙江的发现有助于研究中国大陆与附近岛屿植物地理区系的内在联系。

保护与濒危等级　《中国生物多样性红色名录》易危(VU);列入CITES附录Ⅱ。

218 **多叶斑叶兰** 高岭斑叶兰、厚唇斑叶兰

Goodyera foliosa (Lindl.) Benth. ex C. B. Clarke

科　兰科 Orchidaceae
属　斑叶兰属 *Goodyera*

形态特征 地生兰,高 15~25cm。茎下部匍匐,上部直立,具节,具 4~6 叶,叶疏生于茎上或集生于茎的上半部。叶片卵形至长圆形,长 2.5~7cm,绿色,先端急尖,基部楔形或圆形,具柄,基部扩大成抱茎的鞘。花葶直立,长 6~8cm,被毛;总状花序具多朵密生而常偏向一侧的花;花苞片披针形,长 1~1.5cm,背面被毛;花中等大,半张开,白色带粉红色、白色带淡绿色或近白色;萼片狭卵形,背面被毛;花瓣斜菱形,先端钝,基部收狭,具爪,无毛,与中萼片黏合成兜状;唇瓣基部凹陷成囊状,囊半球形,内面具腺毛,前部舌状,先端略反曲,背面有时具红褐色斑块;蕊柱长 3mm,蕊喙直立,叉状 2 裂。花期8—9 月。

分布与生境 见于叶山岭、左溪、洋溪,生于沟谷溪边或林下岩石上。

保护价值 近年发现于乌岩岭的浙江新记录植物。形态优美,花色艳丽,可盆栽供观赏。

保护与濒危等级 《中国生物多样性红色名录》无危(LC);列入 CITES 附录 Ⅱ 。

219 高斑叶兰　穗花斑叶兰

Goodyera procera（Ker-Gawl.）Hook.

科　兰科 Orchidaceae

属　斑叶兰属 *Goodyera*

形态特征　地生兰，高25~80cm。根状茎短；地上茎直立，无毛，下部具多叶。叶互生，稍肉质，淡绿色；叶片长圆形或狭椭圆形，长7~15cm，上面无斑纹，先端急尖，基部楔形，具5~7条脉；叶柄基部扩大抱茎。总状花序长6~15cm，密生数10朵花，似穗状；花小，直径约3mm，白色而带淡绿色，具香气；中萼片卵形或椭圆形，长3~4mm，凹陷，与花瓣黏合成兜状，侧萼片斜卵形，长3~3.5mm；花瓣匙形，白色，先端与中萼片靠合；唇瓣宽卵形，较肥厚，基部凹陷，囊状，内面有腺毛，前端反卷，唇盘上具2胼胝体；蕊柱短，蕊喙2裂；花药宽卵状三角形。花期4—5月。

分布与生境　见于洋溪，生于山坡林下或沟边阴湿处。

保护价值　花序呈穗状，花密集，可盆栽供观赏。全草供药用。

保护与濒危等级　《中国生物多样性红色名录》无危（LC）；列入 CITES 附录 Ⅱ。

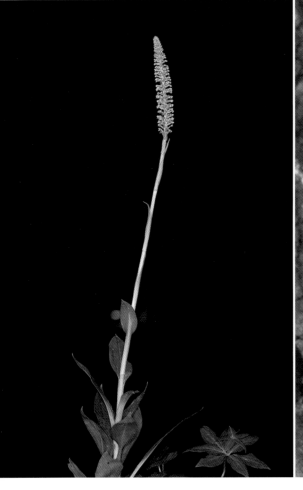

220 斑叶兰 大斑叶兰、白花斑叶兰

Goodyera schlechtendaliana Rchb. f.

科　兰科 Orchidaceae
属　斑叶兰属 *Goodyera*

形态特征　地生兰,高 15~25cm。茎上部直立,具长柔毛,下部匍匐伸长成根状茎,基部具叶 4~6 枚。叶片卵形或卵状披形,长 3~8cm,宽 0.8~2.5cm,上面绿色,具黄白色斑纹。总状花序长 8~20cm,疏生花 5~20 朵,花序轴被柔毛;苞片针形,外向被短柔毛;花白色或稍带红色,偏向同一侧;萼片外面被柔毛,具 1 脉,中萼片与花瓣合成兜状,侧萼片与中萼片等长;花瓣倒披针形,长约 10mm,具 1 脉,唇瓣基部囊状,囊内面具稀疏刚毛,基部围抱蕊柱;子房长 8~10cm,被长柔毛,扭曲。花期 9—10 月。

分布与生境　见于双坑口、飞来瀑、垟岭坑、高岱源、白云尖、上芳香、白水漈、小燕、黄连山,生于山坡林下。

保护价值　全草入药,鲜用或晒干,具有清肺止咳、解毒消肿、止痛的功效,用于治疗肺痨咳嗽、支气管炎、肾气虚弱、神经衰弱、乳痈、疖疮、毒蛇咬伤、骨节疼痛等。植株精巧优美,花色洁白,形如飞鸟,观赏价值较高,可作为盆栽或园林点缀陪衬植物。

保护与濒危等级　《中国生物多样性红色名录》近危(NT);列入 CITES 附录 Ⅱ。

221 绒叶斑叶兰　鸟嘴莲、白肋斑叶兰

Goodyera velutina Maxim. ex Regel

科　兰科 Orchidaceae
属　斑叶兰属 *Goodyera*

形态特征　地生兰,高7~19cm。根状茎匍匐伸长;地上茎直立,被柔毛,下部具叶3~5枚。叶片卵形或卵状长圆形,长1.5~4cm,宽1~2.5cm,上面暗紫绿色,呈天鹅绒状,中脉白色或黄色,边缘波状。总状花序直立,长4~10cm,具花6~16朵,花序轴被柔毛;苞片淡红褐色,披针形;花白色或粉红色,偏向一侧;萼片近等长,外面被柔毛,具1脉;花瓣长圆状菱形,长7~8mm,与中萼片靠合成兜状;唇瓣长约6mm,基部凹陷成囊状,囊内面具腺毛;蕊喙2裂成叉状,花药卵状,先端尖细;子房密被柔毛。花期7~10月。

分布与生境　见于双坑口,生于海拔1000m左右的山坡林下阴湿地或沟谷边林下。

保护价值　形态优美,可盆栽供观赏。

保护与濒危等级　《中国生物多样性红色名录》无危(LC);列入CITES附录Ⅱ。

222　绿花斑叶兰　　鸟喙斑叶兰

Goodyera viridiflora（Bl.）Bl.

科　兰科 Orchidaceae
属　斑叶兰属 *Goodyera*

形态特征　地生兰,高13~20cm。根状茎匍匐伸长,具节;地上茎直立,绿色,具3~5叶。叶片偏斜的卵形或卵状披针形,绿色,甚薄,先端急尖,基部圆形,骤狭成柄;叶柄和鞘长1~3cm。总状花序长7~10cm,具2~5疏生的花;苞片长披针形,红褐色;萼片红褐色,中萼片凹陷,与花瓣黏合成兜状,侧萼片向后伸展;花瓣偏斜的菱形,白色,先端带褐色,先端急尖,基部渐狭,具1脉;唇瓣卵形,舟状,基部绿褐色,凹陷成囊状,内面具腺毛,前部白色,舌状,向下呈"之"字形弯曲,先端向前伸。花期8—9月。

分布与生境　见于叶山岭、左溪、库竹井、黄连山,生于海拔约200m的路边竹林下。

保护价值　植株小巧,花形可爱,可盆栽供观赏。

保护与濒危等级　《中国生物多样性红色名录》无危(LC);列入 CITES 附录 Ⅱ。

223 线叶十字兰 线叶玉凤花

Habenaria linearifolia Maxim.

科　兰科 Orchidaceae
属　玉凤花属 *Habenaria*

形态特征　地生兰,高 25~80cm。块茎肉质,卵球形至球形。茎直立,散生多枚叶,叶自基部向上渐小成苞片状。中下部叶片线形,长 9~20cm,宽 3~7mm,先端渐尖,基部扩大成鞘状抱茎。总状花序长 5~20cm,具花 8 至 20 余朵;苞片长卵状披针形;花白色或绿白色;中萼片宽卵形,兜状,先端钝圆,具 5 脉,侧萼片斜卵形,先端钝,具 6 脉,反折;花瓣卵形,先端尖,具 3 脉,与中萼片靠近;唇瓣长 10~12mm,宽 0.5mm,侧裂片稍短于中裂片,向前弯,先端撕裂成流苏状;距下垂,向末端膨大,棒状,长 1.4~3cm;柱头突起物向前伸,前部 2 裂,平行;子房长 14~16mm。花期 6—8 月,果期 10 月。

分布与生境　见于上燕。生于山坡阴湿处和沟谷草丛中。

保护价值　中国特有种,对植物地理区系的历史、演化、植物系统发育及古地理学研究等均有重要意义。花形奇特,优雅别致,具有较高的观赏价值。

保护与濒危等级　《中国生物多样性红色名录》近危(NT);列入 CITES 附录Ⅱ。

224 裂瓣玉凤花 毛瓣玉凤花

Habenaria petelotii Gagnep.

科 兰科 Orchidaceae
属 玉凤花属 *Habenaria*

形态特征 地生兰,高 35~60cm。块茎长圆形,长 3~4cm,直径 1~2cm。茎粗壮,中部集生 5~6 枚叶。叶片椭圆形或椭圆状披针形,长 3~15cm,宽 2~4cm,先端渐尖,基部收狭成抱茎的鞘。总状花序长 4~12cm,具 3~12 朵疏生的花;苞片狭披针形,长达 15mm;子房连同花梗长 1.5~3cm;花淡绿色或白色,中等大;中萼片卵形,凹陷成兜状,具 3 脉,侧萼片长圆状卵形,具 3 脉;花瓣从基部 2 深裂,裂片线形,近等宽,叉开,边缘具缘毛,上裂片直立,与中萼片并行,长 14~16mm,下裂片与唇瓣的侧裂片并行,长达 20mm;唇瓣基部之上 3 深裂,裂片线形,近等长,长 15~20mm,边缘具缘毛;距圆筒状棒形,下垂,长 1.3~2.5cm。花期 7—9 月。

分布与生境 见于黄桥、双坑口、竹里、里光溪、左溪,生于林下沟谷。

保护价值 花形奇特,优雅别致,具有较高的观赏价值。

保护与濒危等级 《中国生物多样性红色名录》数据缺乏(DD);列入 CITES 附录 II。

225 盔花舌喙兰

Hemipilia galeata Y. Tang, X. X. Zhu et H. Peng

科　兰科 Orchidaceae

属　舌喙兰属 *Hemipilia*

形态特征　地生兰,高8~12cm。块茎椭圆状球形,直径5~10mm,肉质。茎纤细、劲直或稍弯曲,光滑。基部具2枚筒状鞘,其上具1叶。叶片卵圆形或近圆形,长1.5~2.2cm,宽1.5~2.5cm,上面常具紫斑,基部收狭成抱茎的鞘。总状花序具2~5朵花,长达5.5cm;苞片卵形,先端急尖;花小、白色或淡紫红色,具紫色斑点;萼片卵形,先端钝,中萼片呈盔状,侧萼片偏斜,上举;花瓣斜长圆形,直立,较中萼片稍短,与中萼片靠合,先端钝,边缘具不规则的细锯齿;唇瓣向前伸展,稍凹陷,具距,近中部3裂,上面具细的乳突,边缘具不规则的细锯齿,侧裂片偏斜,较中裂片小,先端钝,中裂片长、宽各约2mm,先端钝;距圆筒状,下垂、弯曲,末端钝。花期4—6月。

分布与生境　见于石鼓背,生于山坡林下阴湿岩石上。温州市新记录植物。

保护价值　中国特有种。叶常具紫色斑点,花形奇特,具较高的观赏价值。

保护与濒危等级　《中国生物多样性红色名录》无危(LC);列入CITES附录Ⅱ。

226 叉唇角盘兰　脚跟兰

科	兰科 Orchidaceae
属	角盘兰属 *Herminium*

Herminium lanceum（Thunb. ex Sw.）Vuijk

形态特征　地生兰，高 10~75cm。块茎圆球形，肉质。茎纤细，中部具叶 3~4 枚。叶片线状披针形，长 5~15cm，宽 0.4~1.5cm，先端渐尖或急尖，基部抱茎。总状花序长 5~23cm，密生花 20~80 朵；苞片卵状披针形，略短于子房连花梗长；花小，黄绿色；萼片卵状长圆形，长 2.5~4mm；花瓣线形，长约 3mm，宽 0.6mm；唇瓣长圆形，伸长，长 1~1.6cm，基部凹陷，无距，上面通常具乳突，中部稍缢缩，前部 3 裂，侧裂片较中裂片长，叉开，末端通常卷曲；蕊柱长约 0.5mm；子房棒状，长 5~6mm。蒴果长圆形。花期 5—6 月，果期 8—9 月。

分布与生境　见于洋溪，生于山坡草地、林缘或林下草丛中。

保护价值　全草药用，有补肾壮阳、理气止带、润肺抗结核的作用。

保护与濒危等级　《中国生物多样性红色名录》无危（LC）；列入 CITES 附录 Ⅱ。

227 镰翅羊耳蒜

Liparis bootanensis Griff.

科 兰科 Orchidaceae
属 羊耳蒜属 *Liparis*

形态特征 附生兰,高 11~30cm。根状茎匍匐,密生串珠状假鳞茎。假鳞茎圆柱状锥形,肉质,顶生 1 叶。叶片革质,狭长圆形,长 8~22cm,宽 11~33mm,先端急尖,基部收狭成柄,具关节。花葶长 7~20cm;总状花序具数朵至 20 余朵花;苞片披针形,较花梗和子房短,先端渐尖;花浅褐黄色;萼片几等长,先端钝,中萼片狭披针形,反折,侧萼片稍弯斜;花瓣条状,与萼片等长,反折;唇瓣楔状长圆形或长圆状倒卵形,长 3~6mm,先端近平截,具微齿或微凹具短尖,基部收狭具爪,具 2 乳突状胼胝体;蕊柱弯曲,近先端的蕊柱翅下弯成镰刀状。花期 5—6 月,果期 9—10 月。

分布与生境 见于双坑口、万斤窑、石鼓背、岩坑、黄连山、寿泰溪,附生于林缘溪边岩石上。

保护价值 观赏价值高。

保护与濒危等级 《中国生物多样性红色名录》无危(LC);列入 CITES 附录 Ⅱ。

228 秉滔羊耳蒜

Liparis pingtaoi（G. D. Tang, X. Y. Zhuanget Z. J. Liu.）F. Y. Zhang, comb. nov.

科　兰科 Orchidaceae
属　羊耳蒜属 *Liparis*

形态特征　附生兰,高达20cm。假鳞茎密集,长圆状卵球形、卵球形至长圆柱形,长1.5~2cm,宽5~9mm,顶端具1枚叶。叶片披针形或线状披针形,先端渐尖,基部逐渐收狭成柄,连柄长9~17cm,宽8~18mm,有关节。花葶长21~24cm;花序梗呈稍扁的圆柱形,两侧具很狭的翅,下部具1~8枚不育苞片;总状花序长13~16cm,具10至40余朵花;花苞片狭披针形,长4~5mm;花梗和子房长1~1.4cm;花淡绿色或绿白色,很小;中萼片近长圆形,长2~2.5mm,宽1.8~2mm,先端钝;侧萼片倒卵形,先端钝,长1.3~1.5mm,宽0.9~1mm;花瓣狭线形,长5~6mm,宽约0.4mm,先端钝;唇瓣长圆形,长3~4mm,宽2~3mm,顶端3浅裂。花果期10—12月。

保护价值　2020年在乌岩岭首次发现。浙江新记录植物。国内仅知分布于云南、西藏和福建,分布区狭窄,数量极少,亟待保护。

保护与濒危等级　《中国生物多样性红色名录》未予评估(NE);列入CITES附录Ⅱ。

229 长苞羊耳蒜

Liparis inaperta Finet

科 兰科 Orchidaceae
属 羊耳蒜属 *Liparis*

形态特征 附生兰,高 3~8cm。具匍匐根状茎,根状茎上聚生串珠状假鳞茎。假鳞茎小,近球形,顶生 1 枚叶。叶片近革质,椭圆形,长 2~7cm,宽 6~13mm,先端急尖,基部连合成短柄,具关节。花葶与叶几等长,或稍长;总状花序疏生 5~7 花;苞片披针形,长于花梗和子房长;花浅黄绿色;中萼片披针形,直立,侧萼片镰刀状长圆形,直立,稍短于中萼片;花瓣镰刀状,与萼片几等长;唇瓣近长圆形,长 3.5~4mm,先端几平截,有齿,或微凹,中部稍缢缩,基部胼胝体不明显;蕊柱弯曲,基部扩大,上部具翅,先端的翅牙齿状,下弯。花期 5—6 月,果期 9—10 月。

分布与生境 见于双坑口、三插溪、洋溪,附生于沟谷岩石上。

保护价值 中国特有种,分布于浙江、江西、福建、广西、四川、贵州等部分山区,资源稀少。具有观赏价值。

保护与濒危等级 《中国生物多样性红色名录》极危(CR);列入 CITES 附录 Ⅱ。

230 见血青 见血清、虎头蕉

Liparis nervosa (Thunb. ex A. Murray) Lindl.

科 兰科 Orchidaceae
属 羊耳蒜属 *Liparis*

形态特征 地生兰,高 8~20cm。假鳞茎聚生,圆柱状,肥厚,肉质,具节,长 2~5cm,通常包藏于叶鞘内,上部有时裸露。叶 2~5枚,卵形至卵状椭圆形,长 5~12cm,宽 3~6cm,先端渐尖,全缘,基部收狭并下延成鞘状柄。花葶发自茎顶端,长 10~30cm;总状花序通常 5~15朵花;苞片三角形,长 1~2mm;花梗和子房长 8~16mm;花紫色;中萼片线形或宽线形,长 8~10mm,宽 1.5~2mm,边缘外卷,具不明显的 3脉,侧萼片狭卵状长圆形,稍斜歪,具 3脉;花瓣丝状,具 3脉;唇瓣长圆状倒卵形,长约 6mm,宽 4.5~5mm,先端截形并微凹,基部收狭并具 2个近长圆形的胼胝体;蕊柱较粗壮,上部两侧有狭翅。蒴果倒卵状长圆形或狭椭圆形,长约 1.5cm。花期 5—7月,果期 9—10月。

分布与生境 见于双坑口、竹里、左溪、石鼓背、三插溪、双坑头、陈吴坑、新增、岩坑、寿泰溪、黄连山、溪斗,生于沟谷、山坡林下或林缘。

保护价值 全草入药,用于治疗咯血、吐血。植株精巧,花形奇特,具有较高的观赏价值,适于盆栽。

保护与濒危等级 《中国生物多样性红色名录》无危(LC);列入 CITES附录Ⅱ。

231 香花羊耳蒜

Liparis odorata (Willd.) Lindl.

科 兰科 Orchidaceae
属 羊耳蒜属 *Liparis*

形态特征 地生兰,高20~40cm。假鳞茎狭卵形。茎明显,圆柱形。叶2或3;叶片纸质,狭长圆形至卵状披针形,先端渐尖,基部下延,鞘状抱茎。花葶长16~30cm;总状花序疏生多花;苞片披针形,短于花梗和子房长;花黄绿色;中萼片条状长圆形,侧萼片镰刀状长圆形,反折;花瓣条形;唇瓣倒卵状楔形,先端近平截,稍波状,中央微凹而具短尖头,基部具2棒状胼胝体;蕊柱长2.5~3mm,前弯,上部具翅,近先端的翅增大成钝圆形或钝三角形。花期6—7月,果期10月。

分布与生境 见于双坑口、里光溪、黄连山,生于向阳山坡草地。

保护价值 全草入药,具清热、凉血、止血功效,用于治疗肺热咳嗽、小儿惊风等。具有较高的观赏价值,适于盆栽。

保护与濒危等级 《中国生物多样性红色名录》无危(LC);列入CITES附录Ⅱ。

232 长唇羊耳蒜

Liparis pauliana Hand.–Mazz.

科 兰科 Orchidaceae
属 羊耳蒜属 *Liparis*

形态特征 地生兰,高8~30cm。假鳞茎聚生,卵圆形,肉质,长1.5~3cm,顶生叶2枚。叶片椭圆形、卵状椭圆形或阔卵形,长3.5~9cm,宽1.5~6cm,先端锐尖或钝,基部宽楔形,鞘状抱茎。花葶长8~27cm;总状花序疏生多花;苞片小,卵状三角形,长约2mm;花大,浅紫色;萼片相似,狭长圆形,长8~14mm,宽1~1.5mm;花瓣线形,与萼片几等长;唇瓣倒卵状长圆形,长10~15mm,宽4~7mm,先端圆形并具短尖,全缘,基部具1枚微凹的胼胝体或有时不明显;蕊柱弯曲,长4~5mm,近端蕊柱翅明显,短而圆。花期4—5月,果期9—10月。

分布与生境 见于双坑口、飞来瀑、白云岙、金刚厂,生于林下阴湿处或具覆土的岩石上。

保护价值 中国特有种。植株精巧,花形奇特,具有较高的观赏价值,适于盆栽。

保护与濒危等级 《中国生物多样性红色名录》无危(LC);列入CITES附录Ⅱ。

233 日本对叶兰　小双叶兰

Listera japonica Bl.

科　兰科 Orchidaceae
属　对叶兰属 *Listera*

形态特征　地生兰,高15cm。茎细长,有棱,基部具1~2枚鞘,近中部具1枚对生叶,叶以上部分具短柔毛。叶片卵状三角形,长、宽各约1.7cm,先端锐尖,基部近圆形或截形。总状花序顶生,长4~6cm,具5~7花;花梗细长;花紫绿色;中萼片长椭圆形至椭圆形,先端急尖或钝,侧萼片斜卵形至卵状长椭圆形;花瓣长椭圆状条形;唇瓣楔形,长6mm,先端二叉裂,基部具1对长的耳状小裂片,耳状小裂片环绕蕊柱并在蕊柱后侧相互交叉,裂片先端叉开,条形,长约4mm,先端钝,两裂片间具1短三角状齿突;蕊柱甚短。花期4月。

分布与生境　见于双坑口、金刚厂,生于海拔约900m的阴湿山坡林下。

保护价值　东亚特有种,间断分布于中国和日本,对兰科植物地理区系研究具有重要意义。植株小巧,花形奇特,可盆栽供观赏或用于微景观造景。

保护与濒危等级　《中国生物多样性红色名录》易危(VU);列入CITES附录Ⅱ。

234 纤叶钗子股

Luisia hancockii Rolfe

科　兰科 Orchidaceae
属　钗子股属 *Luisia*

形态特征　附生兰,高10~20cm。茎圆柱形,稍木质,通常不分枝。叶互生,2列;叶片纤细,肉质,圆柱形,先端钝,基部具关节。总状花序腋生,甚短,具2~3朵花;苞片小,三角状宽卵形,凹陷;花黄色带紫色;中萼片椭圆状长圆形,凹陷,先端钝,侧萼片较中萼片稍短;花瓣倒卵状匙形,先端钝,萼片和花瓣均具5脉;唇瓣肉质,长约8mm,宽约4mm,暗紫色,近中部稍缢缩,前部先端2浅裂,后部基部扩大成耳状,唇盘基部凹陷,具数条疣状突起;蕊柱甚短。蒴果椭圆柱形。花期5—6月,果期8—9月。

分布与生境　见于竹里、左溪、洋溪,附生于沟谷阴湿石壁上或老树干上。

保护价值　全草可入药,具散风祛痰、清热解毒、行气活血、消肿散瘀之功效。叶呈棒状,形态奇特,可盆栽供观赏。

保护与濒危等级　《中国生物多样性红色名录》无危(LC);列入CITES附录Ⅱ。

235 **深裂沼兰** 红花沼兰

Malaxis purpureum（Lindl.）

科　兰科 Orchidaceae

属　沼兰属 *Malaxis*

形态特征　地生草本,高达20cm。肉质茎圆柱形,具数节,包藏于叶鞘之内。叶通常3~4枚,斜卵形或长圆形,长8~16.5cm,宽3~5.8cm,先端渐尖或短尾状渐尖,基部收狭成柄;叶柄鞘状,长3~4cm,下半部抱茎。花葶直立,长15~25cm;总状花序长7~15cm,具10~30朵或更多的花;花苞片披针形,长3~5mm;花梗和子房长6~10mm;花浅红色或黄绿色,直径8~10mm;中萼片近长圆形,长4.5~6mm,先端钝,侧萼片宽长圆形或宽卵状长圆形,长3~4.5mm,先端钝或急尖;花瓣狭线形,长4~5.5mm;唇瓣位于上方,整个轮廓近卵状矩圆形,全长6~8mm,前部通常在中部两侧骤然收狭而多少呈肩状,中央有1个凹槽,先端2深裂,裂口深1.5~2.5mm;耳卵形或卵状披针形,长度占唇瓣全长的1/2~2/5;蕊柱粗短,长约1mm。花期6—7月。

分布与生境　见于双坑口、竹里、黄桥,生于山坡、山谷竹林下。

保护价值　2016年在乌岩岭发现的浙江新记录植物,国内分布于台湾、广西、四川、云南,分布区狭窄,数量稀少。植株小巧,花形奇特,可盆栽供观赏。

保护与濒危等级　《中国生物多样性红色名录》无危(LC);列入 CITES 附录Ⅱ。

236 小沼兰

Malaxis microtatantha (Schltr.) T. Tang et F. T. Wang

科 兰科 Orchidaceae
属 沼兰属 *Malaxis*

形态特征 地生兰,高 3~8cm。假鳞茎球形,直径 3~6mm,肉质,绿色。叶 1 枚,生于假鳞茎顶端;叶片稍肉质,近圆形、卵形或椭圆形,长 1~2.7cm,宽 0.6~2.8cm,先端钝圆或稍尖,基部宽楔形并下延成鞘状柄;叶柄长 3~10mm。花葶纤细,长 2~2.8cm,生于假鳞茎顶端;总状花序密生多数花;花苞片三角状钻形,长约为子房连花梗长的 1/2;花小,直径 1.5~2mm,黄色,倒置,唇瓣在下方;萼片等长,长圆形,先端钝;花瓣线形或舌状披针形,稍短于萼片;唇瓣近基部 3 深裂,侧裂片线形,稍短于花瓣,中裂片三角状卵形,稍长于侧裂片。花期 4—10 月,果期 11 月。

分布与生境 见于石鼓背、三插溪,生于海拔 50~200m 的山坡湿地、林下或潮湿的岩石上。

保护价值 中国特有种。体型小巧,耐阴湿,可用于微景观或苔藓墙美化。

保护与濒危等级 《中国生物多样性红色名录》近危(NT);列入 CITES 附录 II。

237 二叶兜被兰

Neottianthe cucullata（L.）Schltr.

科　兰科 Orchidaceae
属　兜被兰属 *Neottianthe*

形态特征　地生兰,高6~20cm。块茎近球形或宽椭圆形,长1~1.5cm。茎直立,基部常具叶2枚,中上部具苞片状叶2~4枚。叶片卵形、披针形或狭椭圆形,长2.5~6.5cm,宽0.6~3.5cm,先端急尖或渐尖,基部宽楔形,鞘状抱茎。总状花序长2~11cm,疏生花4~20朵,偏向一侧;苞片线状披针形,长6~13mm;花淡紫红色;萼片与花瓣靠合成兜状,中萼片披针形,长6~9mm,侧萼片线状披针形,与中萼片几等长;花瓣线状,具1脉;唇瓣长9~10mm,上面及边缘具乳突,中部3裂,裂片三角状线形,中裂片较侧裂片长;距圆锥形,长4~6mm,多少向上弯曲;子房纺锤形,连花梗长约7mm。花期9月。

分布与生境　见于双坑口、白云尖,生于海拔约1300m的山坡林缘。

保护价值　植株小巧,花朵精致,花色艳丽,具有较高的观赏价值。全株可入药,具醒脑回阳、活血散瘀、接骨生肌的功效,用于治疗外伤疼痛性休克、跌打损伤、骨折等。

保护与濒危等级　《中国生物多样性红色名录》易危(VU);列入 CITES 附录Ⅱ。

238 七角叶芋兰

Nervilia mackinnonii（Duthie）Schltr.

科　兰科 Orchidaceae
属　芋兰属 *Nervilia*

形态特征　地生兰,高达10cm。块茎球形,直径1~1.2cm。叶1枚,在花凋谢后长出,绿色,七角形,长2.5~4.5cm,宽3.7~5cm,具7条主脉,在脉末端之边缘略呈角状;叶柄长4~7cm。花葶高7~10cm,结果时伸长,具2~3枚疏离的筒状鞘;花序仅具1朵花;花苞片很小,直立,长约2.5mm,明显较子房和花梗短;子房圆柱状倒卵形,长4~5mm;萼片淡黄色,带紫红色,线状披针形,长15~17mm,宽约2mm,先端渐尖;花瓣与萼片极相似,长14~16mm,宽约1.5mm,先端急尖;唇瓣白色,凹陷,展平时长圆形,长14mm,宽5mm,内面具3条粗脉,无毛,近中部3裂,侧裂片小,直立,紧靠蕊柱两侧,先端急尖,中裂片狭长圆形,长7.5mm,宽2.5mm,先端钝;蕊柱细长,长6~7mm。花期5月。

分布与生境　见于洋溪,生于山坡林下阴湿处。

保护价值　浙江新记录植物。芋兰属植物首次在浙江被发现,对芋兰属的系统演化具有科研价值。

保护与濒危等级　《中国生物多样性红色名录》濒危(EN);列入 CITES 附录 Ⅱ。

239 长叶山兰
Oreorchis fargesii Finet

科　兰科 Orchidaceae
属　山兰属 *Oreorchis*

形态特征　地生兰,高 25~30cm。假鳞茎椭球形至近球形,长 1~2.5cm,直径 1~2cm,顶生 2 枚叶,偶 1 枚。叶片长 20~28cm,宽 0.8~1.8cm,纸质,先端渐尖。花葶长 20~30cm,中下部有 2~3 枚筒状鞘;花序长 2~6cm,具 10 余朵或更多的花;花苞片卵状披针形,长 3~5mm;花梗连同子房长 7~12mm;花通常白色并有紫色纹;萼片长圆状披针形,长 9~11mm,宽 2.5~3.5mm,侧萼片歪斜并略宽于中萼片;花瓣狭卵形至卵状披针形,长 9~10mm,宽 3~3.5mm;唇瓣长圆状倒卵形,长 7.5~9mm,近基部处 3 裂,基部有长约 1mm 的爪,侧裂片线形,长 2~3mm,宽约 0.7mm,先端钝,边缘具细缘毛,中裂片近椭圆状倒卵形,上半部边缘皱波状,先端有不规则缺刻,下半部边缘具细缘毛。蒴果狭椭圆形,长约 2cm。花期 5—6 月,果期 9—10 月。

分布与生境　见于双坑口、白云尖,生于海拔约 700m 的山坡林缘。

保护价值　花色洁白并具紫色斑纹,美丽雅致,可作观花地被、花境植物,也可盆栽或作切花。

保护与濒危等级　《中国生物多样性红色名录》近危(NT);列入 CITES 附录 Ⅱ。

240 长须阔蕊兰

Peristylus calcaratus (Rolfe) S. Y. Hu

科　兰科 Orchidaceae
属　阔蕊兰属 *Peristylus*

形态特征　地生兰,高 20~48cm。块茎肉质,椭圆球形。茎细长,基部具 2~4 枚筒状鞘,近基部具 3 或 4 枚叶,上部具 1 至数枚披针形小型叶。叶片椭圆状披针形,长 3~12cm,宽 1~3.5cm,基部鞘状抱茎。总状花序具多花,密生或疏生,长 9~23cm;苞片卵状披针形,较子房短或与之等长;花小,绿色;萼片长圆形,先端钝,中萼片直立,凹陷,侧萼片展开,稍偏斜;花瓣直立伸展,与中萼片相靠,斜卵状长圆形,先端钝;唇瓣与花瓣基部合生,3 深裂,中裂片狭长圆状披针形,先端钝,侧裂片叉开,与中裂片成近 90° 的夹角,细长条形,弯曲,长可达 15mm 或更长,在侧裂片基部有 1 横的隆起脊,将唇瓣分为上唇和下唇两部分,基部具距;距棒状或纺锤形,下垂。花期 9—10 月。

分布与生境　见于洋溪,生于山坡林下或灌丛中。温州市新记录植物。

保护价值　植株纤巧,花形奇特,可盆栽供观赏。

保护与濒危等级　《中国生物多样性红色名录》无危(LC);列入 CITES 附录 Ⅱ。

241 狭穗阔蕊兰

Peristylus densus (Lindl.) Santap. et Kapad.

科　兰科 Orchidaceae
属　阔蕊兰属 *Peristylus*

形态特征　地生兰,高 10~40cm。块茎椭圆球形。茎基部具 2 或 3 枚筒状鞘,近基部具 4~6 枚叶,上部具若干卵状披针形小型叶。叶片长圆形至卵状披针形,基部鞘状抱茎。总状花序密生多花;花小,浅黄绿色或近白色;萼片等长,先端钝,中萼片条状长圆形,凹陷,直立,侧萼片条状长圆形;花瓣直立,与中萼片相靠,狭长圆状卵形,先端钝;唇瓣 3 裂,中裂片三角状条形,侧裂片叉开,与中裂片成近 90° 的夹角,条形,较中裂片长而狭,长 3.5~6mm,在侧裂片基部后方具 1 横的隆起脊,将唇瓣分成上唇和下唇,上唇从隆起脊处向下反曲,下唇凹陷,围抱蕊柱,基部具距;距细筒状,下垂。花期 8—9 月。

分布与生境　见于洋溪,生于山坡林下。

保护价值　植株纤巧,花形奇特,十分可爱,可盆栽供观赏;块茎民间供药用。

保护与濒危等级　《中国生物多样性红色名录》无危(LC);列入 CITES 附录 Ⅱ。

242 黄花鹤顶兰　　斑叶鹤顶兰

Phaius flavus（Bl.）Lindl.

科　兰科 Orchidaceae
属　鹤顶兰属 *Phaius*

形态特征　地生兰，高 30~100cm。假鳞茎圆锥形，高约 3cm，具光泽。叶 5~8 枚紧密互生于假鳞茎上部；叶片椭圆状披针形，长 20~46cm，宽 3.5~6cm，常具黄色斑块，先端渐尖或急尖，基部收狭成鞘状柄。花葶从假鳞茎的基部长出，高 40~75cm；总状花序具数朵花；花黄色，直径约 6cm；萼片几同形，长圆形，先端钝圆；花瓣与萼片几相似，稍偏斜；唇瓣管状，直立，围抱蕊柱，具红色边缘和纵的连续条纹，先端皱波状，不明显 3 裂；距长 4~6mm；蕊柱长约 1.7cm，前面具长柔毛。蒴果圆柱形，长约 3cm。花期 5—6 月。

分布与生境　见于叶山岭、石鼓背、三插溪、双坑头、岩坑、寿泰溪、溪斗，生于海拔 450~900m 的山谷沟边和林下湿地。

保护价值　花大色艳，叶片上黄斑点点，十分耐看，可作花境、盆栽植物，也可作切花或干花。

保护与濒危等级　《中国生物多样性红色名录》无危（LC）；列入 CITES 附录Ⅱ。

243 细叶石仙桃 双叶岩珠

Pholidota cantonensis Rolfe.

科 兰科 Orchidaceae

属 石仙桃属 *Pholidota*

形态特征 附生兰,高5~15cm。根状茎长而匍匐,分枝,节上疏生根。假鳞茎狭卵形至卵状长圆形,长1~2cm,宽5~8mm,通常相距1~3cm,顶端生2叶。叶片线形或线状披针形,纸质,长2~8cm,宽5~7mm,先端短渐尖或近急尖,边缘常外卷,基部收狭成柄;叶柄长2~7mm。花葶生于幼嫩假鳞茎顶端,长3~5cm;总状花序通常具10余朵花;苞片卵状长圆形,早落;花小,白色或淡黄色,直径约4mm;中萼片卵状长圆形,多少呈舟状,先端钝,背面略具龙骨状突起,侧萼片卵形,斜歪,略宽于中萼片;花瓣宽卵状菱形或宽卵形;唇瓣宽椭圆形,长约3mm,宽4~5mm,呈舟状,先端近截形或钝;蕊柱粗短,顶端两侧有翅。蒴果倒卵形,长6~8mm。花期4月,果期8—9月。

分布与生境 见于叶山岭、里光溪、左溪、石鼓背、恩坑、三插溪、溪斗、黄连山、寿泰溪,附生于沟谷或林下石壁上。

保护价值 中国特有种。全草入药,具清热解毒、滋阴润肺的功效,主治肺热咯血、急性肠胃炎、关节肿痛、跌打损伤等。

保护与濒危等级 《中国生物多样性红色名录》无危(LC);列入 CITES 附录 Ⅱ。

244 石仙桃 大吊兰

Pholidota chinensis Lindl.

科 兰科 Orchidaceae
属 石仙桃属 *Pholidota*

形态特征 附生兰,高10~30cm。根状茎粗壮,匍匐生根。假鳞茎卵球形或近球形,在根状茎上离生,彼此相距1~2cm,顶生2叶。叶片长椭圆形或倒披针形,长6~20cm,宽3~6cm,基部收狭成柄,叶脉明显;叶柄长1.5~2cm。花葶生于假鳞茎顶端,从两叶间长出,长10~15cm,基部具鞘状卵形的鳞片;总状花序常具10至20余朵花,下弯;花绿白色;萼片近相似,卵形,背面具脊,先端钝,具3脉;花瓣条形,与萼片近等长,先端急尖,具1脉;唇瓣3裂,侧裂片叠盖于中裂片,基部凹陷成囊状,唇盘具3褶片;蕊柱极短,顶端翅状。蒴果卵形,具6纵棱。花期4—5月,果期7—8月。

分布与生境 见于寿泰溪、溪斗,附生于疏林中、沟谷的石壁和大树干上。

保护价值 全草入药,具有养阴润肺、清热解毒、消瘀之功效,常用于治疗肺热咳嗽、咯血、头痛、梦遗、咽喉肿痛、风湿疼痛等。株形美观,可盆栽供观赏。

保护与濒危等级 《中国生物多样性红色名录》无危(LC);列入CITES附录Ⅱ。

245 大明山舌唇兰

Platanthera damingshanica K. Y. Lang et H. S. Guo

科　兰科 Orchidaceae
属　舌唇兰属 *Platanthera*

形态特征　地生兰,高 30~50cm。根状茎肉质,指状;地上茎较纤弱,中部以下具 1 枚大型叶,向上逐渐变小成苞片状,基部具 1 或 2 鞘状鳞叶。叶片狭倒披针形或条状长圆形,基部收狭成抱茎的鞘。总状花序长 6~11cm,具 3~8 朵疏生的花;苞片披针形;花黄绿色;中萼片宽卵形,直立,舟状,先端锐尖,具 3 脉,侧萼片反折,偏斜的狭长圆形或宽线形,先端钝,反折,具 3 脉;花瓣斜卵形,基部向一侧扩大,先端锐尖,具 2 脉;唇瓣舌状条形,长 6~8mm,宽 1mm,肉质,先端钝;距细圆筒状,长 1.2~1.4cm,下垂,略向前弯,末端稍尖;蕊柱长 4mm,柱头 1,凹陷,位于蕊喙之下穴内。花期 5 月。

分布与生境　见于岭北,生于沟谷阴湿地或林下阴湿处。

保护价值　花小而精致,可盆栽供观赏。

保护与濒危等级　《中国生物多样性红色名录》易危(VU);列入 CITES 附录Ⅱ。

246 小舌唇兰 小长距兰

Platanthera minor（Miq.）Rchb. f.

科　兰科Orchidaceae
属　舌唇兰属*Platanthera*

形态特征　地生兰，高20~60cm。根状茎膨大成块茎状，椭圆形或纺锤形；地上茎直立，具叶2~3枚，叶向上渐小成苞片状。叶片椭圆形、长圆形、卵状椭圆形或长圆状披针形，短而宽，长不及宽的4倍。总状花序长10~18cm，疏生多数花；苞片卵状披针形，长0.8~2cm；花淡绿色；萼片具3脉，中萼片宽卵形，侧萼片椭圆形，稍偏斜，先端钝，反折；花瓣斜卵形，先端钝，基部一侧稍扩大，具2脉，其中1脉分出1支脉；唇瓣舌状，长5~7mm，肉质，下垂；距细筒状，下垂，稍向前弧曲，长1~1.5cm；子房圆柱状，向上渐狭，长1~1.5cm。花期5—7月。

分布与生境　见于双坑口、白云尖、上芳香、垟岭坑、库竹井、洋溪，生于山坡林下或草地。

保护价值　东亚特有种。全草入药，用于养阴润肺、益气生津、补肺固肾，也可治疝气。

保护与濒危等级　《中国生物多样性红色名录》无危（LC）；列入CITES附录Ⅱ。

247 筒距舌唇兰

Platanthera tipuloides (L. f.) Lindl.

科 兰科 Orchidaceae
属 舌唇兰属 *Platanthera*

形态特征 地生兰,高 20~30cm。根状茎肉质,指状;地上茎细长,中部以下具大叶 1 枚,其上面具 2 或 3 较小的叶,向上渐小成苞片状。最大的叶片长椭圆形至条状长圆形,先端钝,基部收狭成抱茎的鞘。总状花序长 6~12cm,疏生多花;苞片长披针形,与子房近等长;花绿黄色,细长;中萼片卵形或宽卵形,先端渐尖或钝,具 3 脉,侧萼片反折,狭椭圆形,具 3 脉;花瓣斜卵形,稍肉质,先端钝,具 1 脉;唇瓣三角状条形,肉质,长 5~6mm;距细筒状,长 1.2~1.7cm,向后斜伸且中部以下向上举,末端钝圆;蕊柱短;柱头 1。花期 5—6 月。

分布与生境 见于双坑口,生于林缘或沟谷边阴湿地。

保护价值 东亚特有种,分布区狭窄,数量稀少。花小精巧,可盆栽供观赏。

保护与濒危等级 《中国生物多样性红色名录》近危(NT);列入 CITES 附录 II。

248 **台湾独蒜兰** 独蒜兰

Pleione formosana Hayata

科 兰科 Orchidaceae

属 独蒜兰属 *Pleione*

形态特征 附生兰,高10~25cm。假鳞茎压扁的卵形或卵球形,上端渐狭成明显的颈,顶端具叶1枚。叶椭圆形或倒披针形,长5~25cm,宽1.5~5cm,基部收狭,围抱花葶。花葶从无叶的老假鳞茎基部发出,长7~16cm,顶端通常具1花,偶见2花;花大,淡紫红色,稀白色,花瓣与萼片狭长,近同形;花瓣具5脉,中脉明显;唇瓣宽阔,围成喇叭状,长3.5~4cm,最宽处宽约3cm,上面具有黄色、红色或褐色斑,基部楔形,先端不明显3裂,侧裂片先端圆钝,中裂片半圆形,边缘具短流苏状细裂,内面有3~5波状或直的纵褶片。蒴果纺锤状,长约4cm。花期4—5月,果期7月。

分布与生境 见于双坑口、飞来瀑、上芳香、垟岭坑、洋溪,生于海拔400~1500m的林下或林缘腐殖质丰富的岩石上。

保护价值 中国特有种。花大形奇,花色艳丽,成片盛开时尤为醒目,可作阴湿岩面美化植物,也可盆栽供观赏。假鳞茎民间药用,具清热解毒、消肿散结之功效,用以治痈肿疔毒、瘰疬、毒蛇咬伤。

保护与濒危等级 国家二级重点保护野生植物。《中国生物多样性红色名录》易危(VU);列入CITES附录Ⅱ。

249　朱兰　日本朱兰

科　兰科 Orchidaceae
属　朱兰属 *Pogonia*

Pogonia japonica Rchb. f.

形态特征　地生兰,高 10~20cm。根状茎短小,具细长的、稍肉质的根;地上茎直立,纤细,在中部以上具 1 枚叶。叶片稍肉质,通常近长圆形或长圆状披针形,长 3.5~6cm,宽 8~14mm,先端急尖或钝,基部收狭,抱茎。花苞片叶状,狭长圆形或披针形;花梗和子房长 1~1.5cm,短于花苞片;花单朵顶生,向上斜展,常紫红色或淡紫红色;萼片狭长圆状倒披针形,长 1.5~2.2cm;花瓣与萼片相似,近等长,但明显较宽;唇瓣近狭长圆形,长 1.4~2cm,向基部略收狭,中部以上 3 裂,侧裂片顶端有不规则缺刻或流苏,中裂片舌状或倒卵形,边缘具流苏状齿缺;自唇瓣基部有 2~3 纵褶片延伸至中裂片上,褶片常互相靠合而形成肥厚的脊,在中裂片上变为鸡冠状流苏或流苏状毛;蕊柱细长,上部具狭翅。蒴果长圆形,长 2~2.5cm,宽 5~6mm。花期 5—7 月,果期 9—10 月。

分布与生境　见于碑排,生于山顶草丛中。

保护价值　植株小巧,花色艳丽,具有较高的园艺价值。全草药用,具清热解毒、润肺止咳、消肿、止血的功效,用于治疗肝炎、胆囊炎、毒蛇咬伤、痈疮肿毒等。

保护与濒危等级　《中国生物多样性红色名录》近危(NT);列入 CITES 附录 Ⅱ。

250 香港绶草

Spiranthes hongkongensis S. Y. Hu et Barretto

科　兰科 Orchidaceae
属　绶草属 *Spiranthes*

形态特征　地生兰,高 8~30cm。根肉质,指状。叶基生,2~6枚;叶片多少肉质,长条形、长椭圆形或宽卵形,长 4~12cm,宽 5~9mm,先端锐尖,基部下延成柄状鞘。总状花序顶生,具多数密生的小花,多少呈螺旋状扭转,花序轴密被腺毛;花苞片披针形,疏生腺毛,先端渐尖;花小,乳白色,不完全展开,倒置;子房绿色,密被短柔毛;萼片离生,近相似,被柔毛,中萼片直立,长圆形,常与花瓣靠合成兜状,侧萼片长圆状披针形;花瓣长圆形,近等长于中萼片,先端钝;唇瓣长圆形,长 4~5mm,宽 2~2.5mm,先端截形或钝,中部以上呈啮齿状,基部凹陷成浅囊状。花期 5—7 月,果期 7—9 月。

分布与生境　见于双坑口、上芳香、白水漈、罗溪源、里光溪、石鼓背、三插溪、小燕,生于海拔 300~950m 的沟谷溪边、岩石上或缝隙中。

保护价值　中国特有种。全草入药,具清热解毒、利湿消肿之功效,用于治疗毒蛇咬伤、肾炎、糖尿病和咽喉肿痛等。

保护与濒危等级　《中国生物多样性红色名录》未予评估(NE);列入 CITES 附录 Ⅱ。

251 绶草 盘龙参

Spiranthes sinensis（Pers.）Ames

科　兰科 Orchidaceae
属　绶草属 *Spiranthes*

形态特征　地生兰，高 15~45cm。茎直立，基部簇生数条肉质根。叶 2~8 枚，稍肉质，下部的近基生，线形，长 2~17cm，宽 3~10mm，上部的呈苞片状。穗状花序长 4~20cm，具多数呈螺旋状排列的小花，花序梗和花序轴无毛；苞片长圆状卵形，稍长于子房；花淡红色、紫红色或白色；萼片几等长，长 3~4mm，宽约 3mm，中萼片长圆形，先端钝，与花瓣靠合成兜状，侧萼片离生，较狭；花瓣与萼片等长，先端钝；唇瓣长圆形，长约 4.5mm，宽 2mm，先端平截，皱缩，中部以上啮齿皱波状，表面具皱波纹和硬毛，基部稍凹陷，呈浅囊状，囊内具 2 枚突起。花期 7—8 月。

分布与生境　见于双坑口、小燕、洋溪，生于低海拔至 1300m 的林下、灌木丛下、路边草地或沟边草丛中。

保护价值　小花可爱别致，螺旋状着生，酷似游龙盘旋，适作嵌花草坪，也可盆栽。全草入药，具清热解毒、利湿消肿之功效，用于治疗毒蛇咬伤、肾炎、糖尿病和咽喉肿痛等。

保护与濒危等级　《中国生物多样性红色名录》无危（LC）；列入 CITES 附录 Ⅱ 。

252 带叶兰 蜘蛛兰

Taeniophyllum glandulosum Bl.

科　兰科 Orchidaceae
属　带叶兰属 *Taeniophyllum*

形态特征　附生兰,植株极小。根发达,簇生,稍扁而弯曲,长3~12cm,伸展成蜘蛛状附生于树干表皮。茎几无,被多数褐色鳞片。无绿叶。总状花序1~4,直立,具1~4小花;花黄绿色,萼片和花瓣在中部以下合生成筒状,上部离生;中萼片卵状披针形,上部稍外折,在背面中肋呈龙骨状隆起,侧萼片与中萼片近等大,背面具龙骨状的中肋;花瓣卵形,先端锐尖;唇瓣卵状披针形,向先端渐尖,先端具1倒钩的刺状附属物;距短囊袋状,距口前缘具1肉质横隔。蒴果圆柱形。花期4—7月,果期6—10月。

分布与生境　见于双坑口,生于海拔450~900m的山地林中树干上。

保护价值　株形奇特,如蜘蛛,可供观赏。

保护与濒危等级　《中国生物多样性红色名录》无危(LC);列入CITES附录Ⅱ。

253 带唇兰　长叶杜鹃兰

Tainia dunnii Rolfe

科　兰科 Orchidaceae
属　带唇兰属 *Tainia*

形态特征　多年生草本,高 30~60cm。根状茎匍匐。假鳞茎长圆柱形,紫褐色,顶生 1 叶。叶片长圆形或椭圆状披针形,先端渐尖,基部渐狭;叶柄细长。花葶侧生,直立,纤细,长 30~60cm;总状花序长达 20cm,花序轴红棕色,具花 10 至 20 余朵;花黄褐色或棕紫色,直径 2~2.5cm;萼片与花瓣等长而较宽,黄褐色,先端急尖或锐尖,具 3 条脉;唇瓣黄色,近圆形,长约 1cm,基部贴生于蕊柱足末端,前部 3 裂,侧裂片镰刀状长圆形,中裂片横椭圆形,先端平截或中央稍凹缺,上面有 3 短褶片;子房具细柄,连柄长 5~10mm。花期 4—5 月,果期 7 月。

分布与生境　见于上芳香、叶山岭、上芳香、垟岭坑、罗溪源、竹里、左溪、三插溪、陈吴坑、石角坑、新增、库竹井、岭北、寿泰溪、黄连山、溪斗,生于海拔 350~800m 的山谷沟边或山坡林下。

保护价值　中国特有种。花葶纤长,亭亭玉立,黄褐相间,别具特色,可作花境植物或盆栽。

保护与濒危等级　《中国生物多样性红色名录》近危(NT);列入 CITES 附录 Ⅱ。

254 小花蜻蜓兰　东亚舌唇兰

Tulotis ussuriensis（Reg. et Maack）H. Hara

科　兰科 Orchidaceae
属　蜻蜓兰属 *Tulotis*

形态特征　地生兰,高 20~55cm。根状茎肉质,指状,水平伸展;地上茎直立,下部具叶 2~3 枚,向上渐小成苞片状,基部具鞘状鳞叶 1~3 枚。叶片狭长椭圆形或倒披针形,长 6~16cm,宽 1.8~3cm。总状花序长 3~8cm,疏生多数花;苞片狭披针形,较子房稍长;花小,淡黄绿色;中萼片宽卵形,侧萼片镰刀状椭圆形,展开;花瓣狭长圆形,长约 3.5mm,宽约 1mm;唇瓣线形,基部 3 裂,中裂片长,侧裂片小,半圆形;距纤细,下垂,与子房等长;药隔宽,先端平截;蕊喙臂膨胀上卷,呈蚌壳状,包着椭圆形黏盘;子房细长,长 6~8mm。花期 7—8 月,果期 9 月。

分布与生境　见于双坑口,生于沟谷林缘阴湿地。

保护价值　全草入药,具祛风通络、清热解毒之效,可治疗风湿痹痛、风火牙痛、无名肿毒。

保护与濒危等级　《中国生物多样性红色名录》近危(NT);列入 CITES 附录Ⅱ。

255 旗唇兰 小旗唇兰

Vexillabium yakushimense（Yamamoto）F. Maekawa

科 兰科 Orchidaceae
属 旗唇兰属 *Vexillabium*

形态特征 地生兰,高8~13cm。根状茎细长;地上茎直立,具4~5枚叶。叶片卵形,长8~20mm,宽6~11mm,先端急尖,基部圆形,具3条脉;叶柄长5~7mm,基部扩大成抱茎的鞘。花葶具白色柔毛;花序具3~7朵花,长2~3.5cm;苞片粉红色,宽披针形,边缘具睫毛;萼片粉红色,中萼片长圆状卵形,侧萼片斜镰刀状长圆形,基部合生成1个2浅裂的囊;花瓣白色,具紫红色斑块,近顶部突然收狭成突尖头,基部变狭窄;唇瓣白色,呈T形,长8mm,从花被中伸出,基部具长1.5mm的囊状距,前部扩大成倒三角形的片,片的前部2浅裂,中部成爪,爪上部两边各具1~4枚小齿。花期8—9月。

分布与生境 见于双坑口、白云尖,生于海拔1300m以下的林下或沟边岩壁上。

保护价值 植株小巧,花形奇特,可盆栽供观赏。

保护与濒危等级 《中国生物多样性红色名录》易危(VU);列入CITES附录Ⅱ。

中文名索引

拉丁名索引

图书在版编目（CIP）数据

浙江乌岩岭国家级自然保护区珍稀濒危植物图鉴 /
雷祖培、张芬耀、刘西主编 . — 杭州 ：浙江大学出版社，
2022.2
ISBN 978-7-308-22375-1

Ⅰ. ①浙… Ⅱ. ①雷… ②张… ③刘… Ⅲ. ①自然保
护区—珍稀植物—濒危植物—泰顺县—图集 Ⅳ.
①Q948.525.54-64

中国版本图书馆 CIP 数据核字（2022）第 035506 号

浙江乌岩岭国家级自然保护区珍稀濒危植物图鉴

雷祖培　张芬耀　刘　西　主编

责任编辑	季　峥	
责任校对	潘晶晶	
封面设计	沈玉莲	
出版发行	浙江大学出版社	
	（杭州市天目山路148号　邮政编码310007）	
	（网址:http：//www.zjupress.com）	
排　　版	杭州朝曦图文设计有限公司	
印　　刷	浙江海虹彩色印务有限公司	
开　　本	787mm×1092mm　1/16	
印　　张	17.75	
字　　数	299千	
版印次	2022年2月第1版　2022年2月第1次印刷	
书　　号	ISBN 978-7-308-22375-1	
定　　价	298.00元	